建设工程监理安全责任读本

江苏省建设厅组织编写

杨效中　漆贯学　陆湛秋　编著

中国建筑工业出版社

图书在版编目（CIP）数据

建设工程监理安全责任读本／江苏省建设厅组织编写．北京：中国建筑工业出版社，2006
ISBN 7-112-08010-X

Ⅰ．建… Ⅱ．江… Ⅲ．建筑工程－安全生产－监督管理 Ⅳ．TU714

中国版本图书馆 CIP 数据核字（2006）第 003394 号

建设工程监理安全责任读本

江苏省建设厅组织编写
杨效中 漆贯学 陆湛秋 编著

*

中国建筑工业出版社出版、发行（北京西郊百万庄）
新 华 书 店 经 销
北京海通创为图文设计有限公司制版
北京市安泰印刷厂印刷

*

开本：787 × 1092 毫米 1/16 印张：11½ 字数：274 千字
2006 年 2 月第一版 2006 年 5 月第三次印刷
印数：13 001－18 000 册 定价：28.00 元
ISBN 7-112-08010-X
（13963）

本社网址：http://www.cabp.com.cn
网上书店：http//www.china-building.com.cn

本书以认真贯彻落实国务院《建设工程安全生产管理条例》精神，加强建设工程安全生产监督管理，保障人民群众生命和财产安全，提高建设工程的质量和管理水平为宗旨，目的就是对监理企业和监理人员在履行监理安全责任过程中有一个帮助、引导和指导的作用，逐步形成一个共识，既依法履行了监理安全责任，又合理规避了监理企业的相关风险。全书主要从提高认识、安全致因分析、建设工程安全事故原因分析、监理人员在建设工程安全中的作用分析、履行监理安全责任的工作原则和程序、安全技术措施和专项施工方案审查、安全事故隐患的发现和处理、监理安全责任工作案例以及典型建设工程安全事故责任分析等九个方面分别进行论述，最后还选编了部分现行有关建设工程安全生产的法律、法规、规章、规范性文件、技术标准、规程以及建设工程安全生产技术等，以便大家学习掌握。

本书可供建设工程监理企业及所有总监理工程师、监理工程师、监理员使用，也可供建设单位、施工单位相关管理人员参考。

* * *

责任编辑：张礼庆
责任设计：崔兰萍
责任校对：张树梅　刘　梅

《建设工程监理安全责任读本》编审委员会

主　任：徐学军

副主任：王如三　漆贯学　杨效中

委　员：陆湛秋　闵晓健　张贤林　徐　钊　陶　咏

莫良舜　顾小鹏　梅　钰　吴一鸣

前　言

为加强建设工程安全生产监督管理，保障人民群众生命和财产安全，国务院颁布了《建设工程安全生产管理条例》（以下简称《条例》）。该《条例》的公布与施行，对我国建设工程监理工作提出了新的要求，监理工作内容在原来“三控制、两管理、一协调”的基础上，又增加了履行监理安全责任的内容。如何贯彻落实好《条例》规定的监理安全责任，成为摆在每一个监理行业从业人员面前的新课题，并严峻地考验着监理人员的能力、素质和信心。为认真贯彻落实《条例》，以及江苏省建设厅《关于贯彻落实〈建设工程安全生产管理条例〉中监理安全责任的通知》精神，使得监理企业更好地依法履行监理安全责任，我们组织编写了《建设工程监理安全责任读本》（以下简称《读本》）。

本《读本》从提高对履行监理安全责任的认识、安全事故致因分析、建设工程安全事故原因分析、监理人员在建设工程安全中的作用分析、履行监理安全责任的工作原则和程序、安全技术措施和专项施工方案审查、安全事故隐患的发现和处理等方面分别进行了论述。还从实践的角度，通过一个监理安全责任工作案例和几个典型建设工程安全事故责任分析进一步阐述了监理企业如何在正常监理工作中履行监理安全责任。最后还选编了部分现行有关建设工程安全生产的法律、法规、规章、规范性文件、技术标准、规程以及建设工程安全生产技术等。

本《读本》紧紧扣住监理企业依法履行《条例》规定的监理安全责任，重点阐述了监理企业如何在正常的监理工作中认真落实监理安全责任。《读本》既有理论分析，又有案例分析，还有相关建设工程安全生产技术、管理和实践的资料链接，内容详实、全面，以期起到对监理企业和相关人员在履行监理安全责任过程中帮助、引导和指导的作用，从而达到“既严格依法履行监理安全责任、充分发挥监理在建设工程安全工作中的作用，又合理规避监理安全责任风险”之目的。值得指出的是：在要求监理企业严格依法履行监理安全责任的同时，也鼓励监理出于社会道义责任对建设工程的安全管理出谋划策，提供各方面有益的意见或建议，但绝不能因为监理的道义责任未履行到位而要求其承担相应的法律责任。因此，在依法处理建设工程安全事故责任中要正确把握好一个度的问题。

本《读本》主要由杨效中同志撰写，王如三、漆贯学两位同志统稿并审核。参加编写的同志还有陆湛秋、闵晓健、张贤林、徐钊、陶咏、莫良舜、顾小鹏、梅钰、吴一鸣等，同时，在编审过程中还得到了很多部门的领导和专家的支持，并提出了很多宝贵意见，在此表示深深的感谢。

由于监理安全责任本来就是一个非常敏感的问题，再加上时间较紧、水平有限，难免有不足之处，欢迎广大读者批评指正。

编者

二〇〇五年十二月

目　录

第一章　学习《建设工程安全生产管理条例》，提高落实监理安全责任工作的认识

建设工程安全生产是指在工程建设施工生产过程中，要努力改善劳动条件，克服不安全因素，防止伤亡事故的发生，使劳动生产在保证劳动者安全健康和国家财产及人民生命财产安全的前提下顺利进行。

工程建设的施工生产不同于其他行业的生产，它的不安全因素很多，安全管理工作难度较大。这是因为建筑产品的生产与其他产品的生产过程相比，具有如下特点。

(1) 建设产品（建筑物、构筑物）具有固定位置，但工程施工流动性大，各种机械设备和材料、大量的施工人员必须围绕着这一固定性的产品开展活动。施工人员要随着施工的进程而上下、左右地立体交叉作业，不安全的因素随时都可能存在。

(2) 工程结构复杂，要求各阶段、各环节、各工种作业衔接协调、配合默契，才能保证施工安全。

(3) 工程施工大多是露天作业，受到季节和气候等自然条件的不利影响，易造成一定隐患。

(4) 工程施工工期长、空间体积大、多工种交叉作业。特别是民用建筑，施工场地一般都比较狭窄，且施工任务紧迫，使得工序的搭接错综复杂。

(5) 我国工程建设的机械化施工的比重虽然逐渐增大，但还是比较落后，大量施工还是靠手工劳作，劳动强度仍然很大。特别是近年来，由于工程建设量异常增大，大量缺乏有技术基础并能熟练操作的工人，导致大批农民进城当了建筑工人。而这些农民工往往文化水平不高，安全意识和自我保护能力较弱，而且由于流动性很大，绝大多数农民工与施工企业并没有签订较为长期的劳务合同，施工企业一般不对他们进行系统的安全培训与教育，因此他们缺乏基本的安全生产及防护常识，大多数人也不懂如何按安全操作规程进行作业。

(6) 由于近期国家的工程建设规模较大，施工企业也遇到了超常规的发展机遇，但是有部分企业安全生产制度并不健全，安全管理工作也不落实，安全投入不足。

为了加强建设工程安全生产管理，经国务院第28次常务会议审议通过，2003 年11月24日国务院总理温家宝签署国务院第393号令颁布了《建设工程安全生产管理条例》（以下简称《条例》），该《条例》自2004 年2月1日起施行。

一、《条例》对安全工作的基本要求

《条例》总共8章71条，以建设工程安全责任主体为主线，规定了建设单位、勘察单位、设计单位、工程监理单位、施工单位以及其他工程建设参与单位的安全责任，明确了我国建设工程安全生产管理制度。

国家制定《条例》目的就是为了加强建设工程安全生产监督管理，保障人民群众的生命

和财产安全。在中华人民共和国境内从事建设工程的新建、扩建、改建和拆除等有关活动及实施对建设工程安全生产的监督管理均要执行《条例》。

建设工程安全生产管理，要坚持“安全第一，预防为主”的方针，这是我国长期安全生产工作经验的总结，建设工程的安全生产管理也必须坚持此方针。

落实《条例》的核心内容是预防和减少建设工程中安全事故，就是要贯彻预防为主的方针，必须正确处理安全与生产的关系。安全与生产的关系可以用“生产必须安全，安全促进生产”这句话来概括。安全与生产二者相辅相成，没有安全条件，生产就无法顺利进行。

群防群治是《条例》的一个重要原则，不论是建设单位、勘察设计单位、施工单位还是工程监理单位均有责任来预防和减少建设工程中安全事故。“安全第一、预防为主”，把安全工作摆在首位，坚决消除不安全隐患，在保证安全的前提下组织生产。强化安全技术措施，特别是在工程技术上采取必要的安全措施；认真执行各项工程建设的安全法律法规；实施有效的安全管理。

根据《条例》，建设单位、勘察单位、设计单位、工程监理单位、施工单位以及其他与建设工程安全生产有关的单位是建设工程安全生产责任主体，各主体都应当遵守有关法律、法规的规定，对建设工程的安全生产承担相应的法律责任。

《条例》的出台，就是要解决建设工程实践中的如下突出问题：

1．工程建设各方主体的安全责任不够明确。

涉及工程建设的主体很多，如建设单位、勘察单位、设计单位、施工单位、工程监理单位以及设备租赁单位、拆装单位等等，在此之前对这些主体的安全生产责任缺乏明确规定。

2．建设工程安全生产的投入不足，一些建设单位和施工单位挤扣安全生产费用，致使在工程投入中用于安全生产的资金过少，安全措施不到位，导致生产安全事故不断发生。

3．建设工程安全生产监督管理制度不健全。建设工程安全生产的监督管理还停留在突击性的安全生产大检查上，缺乏日常的具体监督管理制度和措施。有的企业虽然制定了一些规章制度，口上讲、墙上挂，并没有真正落在实处，特别是对施工作业人员的保障措施包括劳动保护用品等得不到保障，有些企业对一线员工没有进行有关安全生产的教育和培训，缺乏应有的安全技术常识，违章指挥、违章操作、违反劳动纪律的现象十分突出，存在着不少的事故隐患。

4．生产安全事故的应急救援制度还不健全。有一些施工单位并没有制定应急救援预案，发生安全事故后得不到及时救助和处理。

二、《条例》对监理工作的要求

工程监理制度是我国根据改革开放的需要，借鉴国外先进的工程建设管理经验，并结合我国的实际情况确定的制度。与国外的工程管理相关制度相比，最大的区别就是，国外的工程监理（管理）是由建设单位自愿选择实施工程监理（管理），而我国《建设工程质量管理条例》中明确规定：国家重点建设工程、大中型公用事业工程、成片开发建设的住宅小区工程、利用外国政府或者国际组织贷款或援助资金的工程以及其他国家规定必须实行监理的其他工程，必须实行监理，也就是对这些工程实行强制监理。监理单位不但要注重对施工质量、进度和投资的监控，也要对施工安全生产方面进行相应的管理，使施工单位能够在施工安全生产方面重视施工组织设计的编制、临时用电方案的编制、专项施工方案的编制，使施工单位能够重视安全隐患的处理，重视监理机构对施工管理人员提出的管理要求，使施工单位能够严格执行国家强制性标准施工，提高工程建设的水平。

工程监理单位受建设单位的委托，对工程项目进行相应的监理，不仅要对建设单位负责，同时，也应承担国家法律、法规规定的和建设工程监理规范所要求的责任。作为监理人员学习《条例》，贯彻《条例》精神，就是为了解决建设工程实践中存在的监理应该管理的有关安全问题，在保障人民群众生命和财产安全工作中发挥监理单位及监理人员应有的作用，依法承担相应的监理安全责任。

《条例》第十四条、二十六条规定工程监理单位的安全工作，包括三个方面：

第一，工程监理单位应当审查施工组织设计中的安全技术措施或者达到一定规模的、危险性较大的分部分项工程专项施工方案是否符合工程建设强制性标准。

第二，工程监理单位在实施监理过程中，发现存在安全事故隐患的，应当要求施工单位整改；情况严重的，应当要求施工单位暂时停止施工，并及时报告建设单位。施工单位拒不整改或者不停止施工的，工程监理单位应当及时向有关主管部门报告。

第三，工程监理单位和监理工程师应当按照法律、法规和工程建设强制性标准实施监理，并对建设工程安全生产承担监理责任。

《条例》第五十七条还规定了对监理单位的违反规定应承担的法律责任：

违反《条例》的规定，工程监理单位有下列行为之一的，责令限期改正；逾期未改正的，责令停业整顿，并处10万元以上30万元以下的罚款；情节严重的，降低资质等级，直至吊销资质证书，造成重大安全事故，构成犯罪的，对直接责任人员，依照刑法有关规定追究刑事责任；造成损失的，依法承担赔偿责任：

（一）未对施工组织设计中的安全技术措施或者专项施工方案进行审查的；

（二）发现安全事故隐患未及时要求施工单位整改或者暂时停止施工的；

（三）施工单位拒不整改或者不停止施工，未及时向有关主管部门报告的；

（四）未依照法律、法规和工程建设强制性标准实施监理的。

《条例》第五十八条还规定了对监理单位注册人员的违反规定应承担的法律责任：

注册执业人员未执行法律、法规和工程建设强制性标准的，责令停止执业3个月以上1年以下；情节严重的，吊销执业资格证书，5年内不予注册；造成重大安全事故的，终身不予注册；构成犯罪的，依照刑法有关规定追究刑事责任。

三、监理单位落实监理安全责任的措施

工程监理单位的法定代表人对本单位的监理安全责任负总责。要加强对有关监理安全责任的考核工作，尤其要加强对项目监理机构的考核工作。

《条例》的出台对监理单位提出了更高的要求。首先监理单位由于所监理的工程出现安全事故而受到处罚的风险加大了许多，监理单位因此可能受到经济罚款、资质降级、吊销执照或信誉受到影响等使得监理单位的经营受到冲击，也可能由此产生内部人员思想不稳定而

带来管理上的困难。也可能由于监理安全责任问题而导致原先的一部分总监理工程师不能再担任总监理工程师，使得总监理工程师的素质或数量满足不了要求。因此，监理单位应在以下一些方面采取相应的措施：

1. 工程监理单位要建立健全落实监理安全责任的规章制度，确定落实监理安全责任的分管领导和归口管理的部门，在单位各级岗位职责中落实监理安全责任。要形成一个监理企业内部各级都重视监理安全责任、人人认识监理安全责任、事事落实监理安全责任、项目避免失职而承担责任的安全管理氛围。

2. 监理企业内部的安全管理部门和分管领导积极行动起来，起草编制企业内部的落实监理安全责任的工作导则，确定企业内部各项目监理机构落实监理安全责任的考核检查标准，定期、全面检查和评估所有工地的安全状况、各监理机构所采取的安全工作措施。

3. 全面清理在监工程的监理合同约定内容及人员调配情况，积极与建设单位协商调整有关增加与监理安全责任相适应的义务与费用条款。全面落实《条例》的要求。在新签监理合同中要强化对监理的安全责任与相应服务费用的约定，注意在监理安全责任的约定方面应紧扣《条例》规定，不做任意扩大。

4. 定期开展监理企业内部的安全教育工作。监理企业的安全教育内容有：《条例》对监理工作的要求；本企业中所制定的监理安全责任的工作导则及应采取的安全管理措施；安全生产知识与安全类标准和规程中的要求；各类安全事故的警示教育；交流在监理工作中有关落实监理安全责任的好方法与好经验。

5. 建立总监理工程师上岗前的考核工作，强化总监理工程师的安全责任心、企业荣誉感，把项目的监理安全责任落到实处。

6. 建立必要的监理责任保险，转移相应的风险。

工程项目总监理工程师对工程项目的监理安全责任负责。项目监理机构要落实监理安全责任的分管人员并明确其职责，要把监理安全责任的落实工作作为项目监理机构的重要工作内容来抓，《条例》中规定的监理安全责任内容要列入监理规划、监理实施细则并严格落实。

《条例》的出台尤其对项目监理机构和监理人员提出了更高的要求。项目监理机构要在学习法律法规的基础上，强化对《条例》的理解，提出并落实有关监理安全责任的措施。

项目监理机构要建立的安全管理制度包括：①安全技术措施审查制度；②专项施工方案审查制度；③安全隐患处理制度；④严重安全隐患报告制度；⑤执行法律法规与标准监理制度。

四、有关政府部门对建设工程安全生产的监督管理

《条例》第三十九条规定：国务院负责安全生产监督管理的部门依照《中华人民共和国安全生产法》的规定，对全国建设工程安全生产工作实施综合监督管理。县级以上地方人民政府负责安全生产监督管理部门依照《中华人民共和国安全生产法》的规定，对本行政区域内建设工程安全生产工作实施综合监督管理。

《条例》第四十条规定：国务院建设行政主管部门对全国的建设工程安全生产实施监督管理。国务院铁路、交通、水利等有关部门按照国务院规定的职责分工，负责有关专业建设

工程安全生产的监督管理。县级以上地方人民政府建设行政主管部门对本行政区域内的建设工程安全生产实施监督管理。县级以上地方人民政府交通、水利等有关部门在各自的职责范围内，负责本行政区域内的专业建设工程安全生产的监督管理。

这里的监督管理当然也包括对监理单位及监理人员行为的监理与管理。

江苏省建设行政主管部门在《关于贯彻落实〈建设工程安全生产管理条例〉中监理安全责任的通知》（苏建工（2004）458号）中要求：县市级以上建设行政主管部门或者其他有关主管部门应切实加强对落实监理安全责任工作的管理和领导，要把落实监理安全责任作为本部门的一项重要工作内容，要严格执行安全生产管理的有关法律、法规和规章的规定，要做到把《条例》所规定的监理安全责任工作落到实处，做到有措施、有责任人、有督查和有考核。该《通知》还要求各级建设行政主管部门把工程监理单位履行监理安全责任的情况与其资质动态检查、考核和评优等工作结合起来，进行综合管理与考评。

第二章　安全事故的致因分析

作为监理人员来说，为了能够有效地落实《条例》中关于监理安全责任，有必要来认识产生工程安全事故的致因理论，认识和分析事故发生的本质原因及其规律性，为事故的预防及人的安全行为方式，从理论上提供科学的、完整的依据。

一、海因希里事故因果连锁理论

在20世纪初，资本主义工业化大生产飞速发展，机械化的生产方式迫使工人适应机器，包括操作要求和工作节奏，这一时期的工伤事故频发。在1936年，美国学者海因希里曾经调查研究了75000件工伤事故，发现其中的98%是可以预防的。在这些可以预防的事故中，以人的不安全行为为主要原因的事故占89.8%，而以设备和物质不安全状态为主要原因的事故只占10.2%。

海因希里在《工业事故预防》一书中提出了著名的“事故因果连锁理论”，海因希里认为伤害事故的发生是一连串的事件，按照一定的因果关系依次发生的结果。

海因希里把工业伤害事故的发生、发展过程描述为具有一定因果关系的事件的连锁，即：

(1) 人员伤亡的发生是事故的结果；

(2) 事故的发生是由于人的不安全行为和物的不安全状态；

(3) 人的不安全行为或物的不安全状态是由于人的缺点造成的；

(4) 人的缺点是由于不良环境诱发的，或者是由先天的遗传因素造成的。

海因希里最初提出的事故因果连锁过程包括如下五个因素：

(1) 遗传及社会环境　遗传因素及社会环境是造成人的性格上缺点的原因。遗传因素可能造成鲁莽、固执等不良性格；社会环境可能妨碍教育、助长性格上的缺点发展。

(2) 人的缺点　人的缺点是使人产生不安全行为或造成机械、物质不安全状态的原因，它包括鲁莽、固执、过激、神经质、轻率等性格上的、先天的缺点，以及缺乏安全生产知识和技能等后天的缺点。

(3) 人的不安全行为或物的不安全状态　所谓人的不安全行为或物的不安全状态是指那些曾经引起过事故，或可能引起事故的人的行为，或机械、物质的状态，它们是造成事故的直接原因。例如，在起重机的吊钩下停留，不发信号就启动机器，工作时间打闹，或拆除安全防护装置等都属于人的不安全行为；没有防护的传动齿轮，裸露的带电体，或照明不良等属于物的不安全状态。

(4) 事故　事故是由于物体、物质、人或放射线的作用或反作用，使人员受到伤害或可能受到伤害的、出乎意料之外的、失去控制的事件。

坠落、物体打击等能使人员受到伤害的事件是典型的事故。

(5) 伤害　指直接由于事故产生的人身伤害。

他用多米诺骨牌来形象地描述这种事故因果连锁关系，得到图2–1那样的多米诺骨牌系列。在多米诺骨牌系列中，第一块倒下（事故的根本原因发生），会引起后面的连锁反应而倒下，其余的几颗骨牌相继被碰倒，第五块倒下的就是伤害事故包括人的伤亡与物的损失。如果移去连锁中的一颗骨牌，则连锁被隔断，发生事故过程被中止。

该理论的最大价值在于使人认识到：如果抽出了第三个骨牌，也就是消除了人的不安全行为或物的不安全状态，即可防止事故的发生。企业安全工作的中心就是防止人的不安全行为，消除机械的或物质的不安全状态，中断事故连锁的进程而避免事故发生。

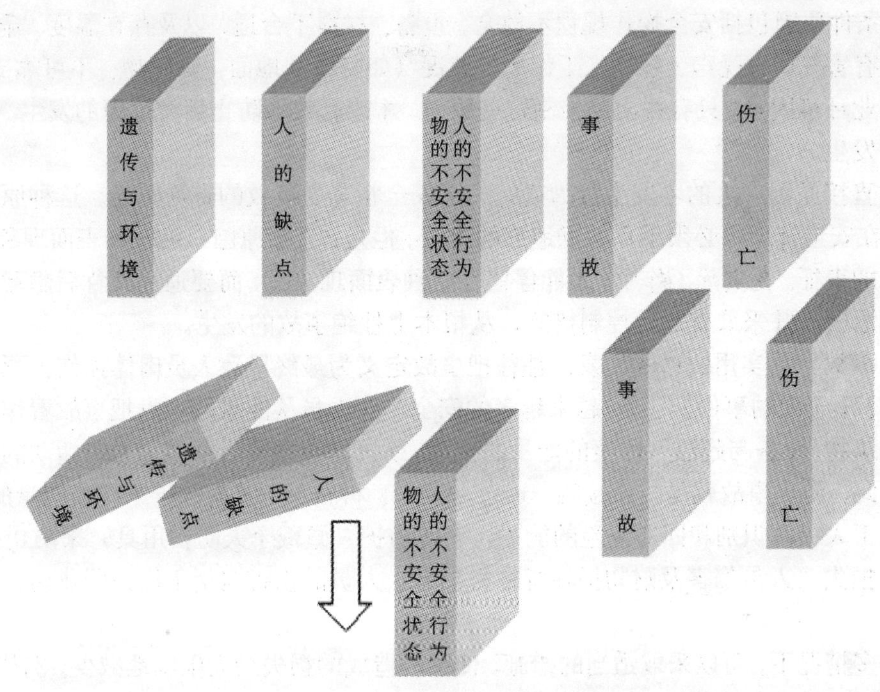

图 2-1　事故因果连锁关系的多米诺骨牌系列

海因希里的工业安全理论阐述了工业事故发生的因果连锁论，人与物的关系问题，事故发生频率与伤害严重度之间的关系，不安全行为的原因，安全工作与企业其他管理机能之间的关系，进行安全工作的基本责任，以及安全与生产之间关系等工业安全中最重要、最基本的问题。该理论曾被称作“工业安全公理”。

二、博德事故因果连锁理论

博德在海因希里事故因果连锁理论的基础上，提出了与现代安全观点更加吻合的事故因果连锁理论。

博德的事故因果连锁过程同样为五个因素，但每个因素的含义与海因希里所提出的含义都有所不同。

（1）管理缺陷　对于大多数生产企业来说，由于各种原因，完全依靠工程技术措施预防事故既不经济也不现实，需要完善的安全管理工作，才能防止事故的发生。如果安全管理上出现缺陷，就会使得导致事故基本原因的出现。必须认识到，只要生产没有实现本质安全化，就有发生事故及伤害的可能。因此，安全管理是企业的重要一环。

（2）基本原因　为了从根本上预防事故，必须查明事故的基本原因，并针对查明的基本原因采取对策。基本原因包括个人原因及与工作有关的原因。关键是在于找出问题的基本的、背后的原因，而不仅仅是停留在表面的现象上。这方面的原因是由于上一个环节——管理缺陷造成的。个人原因包括缺乏安全知识或技能，行为动机不正确，生理或心理有问题等；工作条件原因包括安全操作规程不健全，设备、材料不合适，以及存在温度、湿度、粉尘、有毒有害气体、噪声、照明、工作场地状况（如打滑的地面、障碍物、不可靠支撑物）等有害作业环境因素。只有找出并控制这些原因，才能有效地防止后续原因的发生，从而防止事故的发生。

（3）直接原因　人的不安全行为或物的不安全状态是事故的直接原因。这种原因是最重要的，在安全管理中必须重点加以追究的原因。但是，直接原因只是一种表面现象，是深层次原因的表征。在实际工作中，不能停留在这种表面现象上，而要追究其背后隐藏的管理上的缺陷原因，并采取有效的控制措施，从根本上杜绝事故的发生。

（4）事故　从实用的目的出发，往往把事故定义为最终导致人员肉体损伤、死亡、财物损失的、不希望的事件。但是，越来越多的安全专业人员从能量的观点把事故看作是人的身体或构筑物、设备与超过其限值的能量的接触，或人体与妨碍正常施工生产活动的物质的接触。因此，防止事故就是防止接触。通过对装置、材料、工艺的改进来防止能量的释放，或者训练工人提高识别和回避危险的能力，个体防护（佩戴个人防护用具）来防止接触。

（5）损失　人员伤害及财物损坏统称为损失。人员的伤害包括工伤、职业病、精神创伤等。

在许多情况下，可以采取适当的措施，使事故造成的损失最大限度地减少。例如，对受伤者进行迅速正确的抢救，对设备进行抢修以及平时对有关人员进行应急训练等。

三、亚当斯事故因果连锁理论

亚当斯提出了一种与博德事故因果理论类似的因果连锁模型，该模型以表格形式给出，见表 2–1。

亚当斯因果连锁　　　　**表 2–1**

管理体系	管理失误		现场失误	事故	伤害或损害
目标 组织 机能	领导者的行为在下述方面决策错误或未做决策： 政策 目标 权威 责任 职责 注意规范 权限授予	安全技术人员的行为在下述方面管理失误或疏忽： 行为 责任 权威 规则 指导 主动性 积极性 业务活动	不安全行为 不安全状态	伤亡事故 无伤害事故 损害事故	对人 对物

该理论中，事故和损失因素与博德理论相似。这里把事故的直接原因：人的不安全行为和物的不安全状态称作“现场失误”，主要目的是在于提醒人们注意人的不安全行为和物的不安全状态的性质。

该理论的核心在于对现场失误的背后原因进行了深入的研究。操作者的不安全行为及生产作业中的不安全状态等现场失误，是由于企业领导者及安全工作人员的管理失误造成的。管理人员在管理工作中的差错或疏忽，企业领导人决策错误或没有做出决策等失误，对企业经营管理及安全工作具有决定性的影响。管理失误反映企业管理系统中的问题。它涉及到管理体制，即如何有组织地进行管理工作，确定怎样的管理目标，如何计划、实现确定的目标等方面的问题。管理体制反映作为决策中心的领导人的信念、目标及规范，它决定各级管理人员安排工作的轻重缓急，工作基准及指导方针等重大问题。

四、人机轨迹交叉理论

人的不安全行为和物的不安全状态是导致事故的直接原因，随着现代工业的发展，人不可避免地与机器设备进行协同工作，工程施工中的机械化程度也越来越高。研究人员根据事故统计资料发现，多数工业伤害事故的发生，既由于物的不安全状态，也由于人的不安全行为。

现在，越来越多的人认识到，一起工业事故之所以能够发生，除了人的不安全行为之外，一定存在着某种不安全条件，并且不安全条件对事故发生作用更大些。反映这种认识的一种理论是人机轨迹交叉理论，只有当两种因素同时出现，才能产生事故。实践证明，消除生产作业中物的不安全状态，可以大幅度地减少伤害事故的发生。例如，美国铁路车辆安装自动连接器之前，每年都有数百名铁路工人死于车辆连接作业事故中。铁路部门的负责人把事故的责任归因于工人的错误或不注意。后来，根据政府法令的要求，把所有铁路车辆都装上了自动连接器，结果车辆连接作业中的死亡事故大大地减少了。

该理论认为，在事故发展过程中，人的因素的运动轨迹与物的因素的运动轨迹的交点，就是事故发生的时间和空间。即，人的不安全行为和物的不安全状态发生于同一时间、同一空间，或者说人的不安全行为与物的不安全状态相遇，则将在此时间、空间发生事故。

按照事故致因理论，事故的发生、发展过程可以描述为：基本原因→间接原因→直接原因→事故→伤害。从事物发展运动的角度，这样的过程可以被形容为事故致因因素导致事故的运动轨迹。

如果分别从人的因素和物的因素两个方面考虑，则人的因素的运动轨迹是：

(1) 遗传、社会环境或管理缺陷。

(2) 由于遗传、社会环境或管理缺陷所造成的心理、生理上的弱点，安全意识低下，缺乏安全知识及技能等特点。

(3) 人的不安全行为。

而物的因素的运动轨迹是：

(1) 设计、制造缺陷，如利用有缺陷的或不合要求的材料，设计计算错误或结构不合理，错误的加工方法或操作失误等造成的缺陷。

（2）使用、维修、保养过程中潜在的或显现的故障、毛病。机械设备等随着时间的延长，由于磨损、老化、腐蚀等原因容易发生故障；超负荷运转、维修保养不良等都会导致物的不安全状态。

（3）物的不安全状态。

人的因素的运动轨迹与物的因素的运动轨迹的交点，即人的不安全行为与物的不安全状态，同时、同地出现，则将发生事故。如图 2−2 所示。

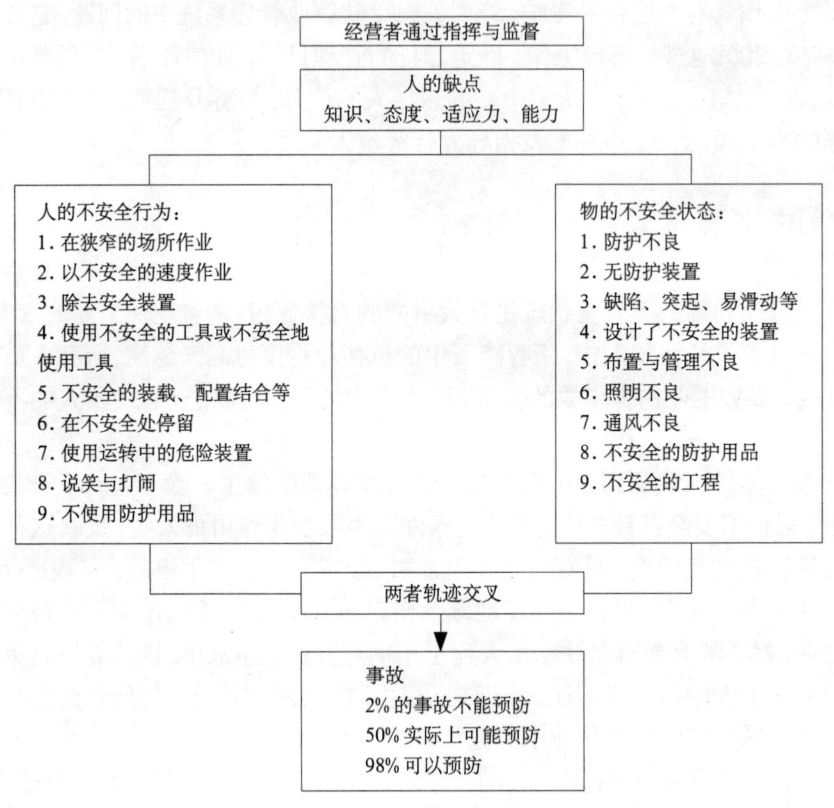

图 2−2　轨迹交叉理论示意图

值得注意的是，许多情况下人与物又互为因果。例如，有时物的不安全状态诱发了人的不安全行为，而人的不安全行为又促进了物的不安全状态的发展，或导致新的不安全状态出现。因而，实际的事故并非简单地按照上述的人、物两条轨迹进行；而是呈现非常复杂的因果关系。轨迹交叉论作为一种事故致因理论，强调人的因素、物的因素在事故致因中占有同样重要的地位。按照该理论，可以通过避免人与物两种因素运动轨迹交叉，即避免人的不安全行为和物的不安全状态的同时、同地出现，来预防事故的发生。

上述的四种理论均认为：从直接原因来预防安全事故是最有效和最直接的。也就是控制了生产人员的不安全行为和生产物资与装备的不安全状态就可以预防安全事故。但在消除直接原因之后，还应消除引进直接原因的间接原因，即还要注重消除包括生产管理人员的个人原因及与工作有关的原因在内的管理失误与缺陷。如管理决策层过于强调生产数量、片面追求利益等。

第三章　建设工程安全事故的原因分析及对策

近年来，建设工程安全生产的形势在总体上趋于稳定，但仍比较严峻，事故率仅次于采矿业，严重危及建设工程从业人员的人身安全及工程安全。根据资料显示，2004年，全国共发生建筑施工事故1144起、死亡1324人，与2003年同期相比，事故起数与死亡人数分别下降了11.46%和13.12%；其中共发生建筑施工一次死亡3人以上重大事故42起、死亡175人，与2003年同期相比，事故起数与死亡人数分别下降了12.50%和18.60%。2004年建筑施工事故起数与2003年同期比较情况见图3-1所示，2004年建筑施工事故死亡人数与2003年同期比较情况见图3-2所示。

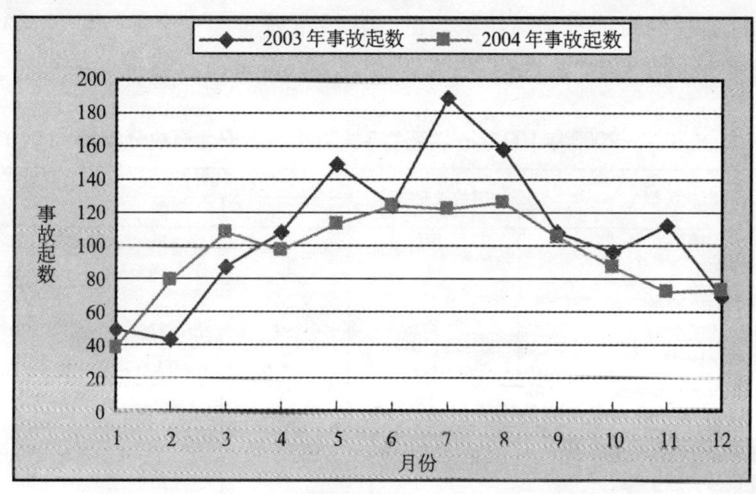

图3-1　2004年建筑施工事故起数与2003年同期比较

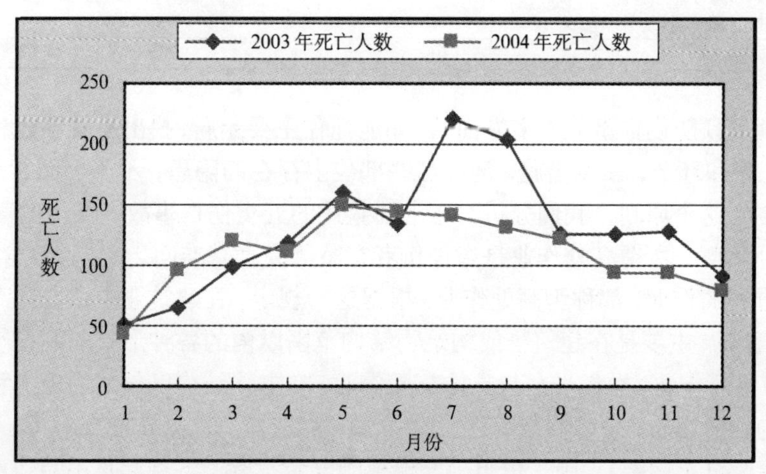

图3-2　2004年建筑施工事故死亡人数与2003年同期比较

在2004年发生的42起三级以上重大事故中，坍塌事故20起，死亡76人；高处坠落13起，死亡71人；中毒5起，死亡20人；触电事故2起，死亡7人；机械伤害事故2起，死亡6人。

一、建筑施工中伤亡事故的主要类别

从建筑施工的特点，可以看出建筑施工的不安全因素多存在于高处作业、交叉作业、垂直运输、使用电气工具以及基础工程作业中。伤亡事故的类别主要是：高处坠落、物体打击、机械和起重伤害、触电，这四类伤亡事故的死亡人数，每年占因工死亡总数的70%～80%，其中高处坠落占35%左右；触电占18%～20%；物体打击占12%～15%；机械伤害占8%～10%；这四类事故称为建筑施工中的四大伤害。近年来，由于高层及超高层建筑物的增多，地下室从一层也不断地增加到二层或三层，土方大开挖的工作量大了，于是由于土方开挖时放坡或支护不到位，而造成的土方坍塌事故，也逐步增多。

2004年3月出版的由建设部组织编写的《建筑工程重大安全事故警示录》收集了2000年以来至2003年底的100起一次死亡3人以上重大安全事故的情况，如表3-1所示。

2000～2003年100起一次死亡3人以上重大安全事故分类表　　表3-1

次序	事故类型	事故数量(起)	伤亡人数(人)		伤亡平均值(人/起)	
			亡	伤	亡	伤
1	基坑、沟槽塌方	19	70	12	3.68	0.63
2	拆除工程坍塌	11	49	38	4.45	3.45
3	围墙和墙体坍塌	5	28	33	5.60	6.60
4	工棚、房屋倒塌	5	50	37	10.00	7.40
5	挖孔桩坍塌	2	7	1	3.5	0.5
6	卸料平台和栈桥坍塌	4	12	13	3.0	3.25
7	模板坍塌	8	41	119	5.13	14.88
8	脚手架及升降机坍塌坠落	19	75	26	3.95	1.37
9	起重机吊装拼装事故	9	32	15	3.56	1.67
10	中毒、窒息	11	36	19	3.27	1.73
11	触电	3	11	3	3.67	1.00
12	火灾与爆炸	3	12	1	4.00	0.33
13	地铁管涌与坍塌	1	–	–		
合计		100	423	317	4.23	3.17

在施工现场预防伤亡事故是多方面的，如能抓住主要矛盾，找出易发事故和常见事故发生的部位、工序和环节，采取措施，消除这些部位上存在的隐患，不安全因素等，就能预防伤亡事故。本着这个原则，我们分析一下上面叙述的五类伤亡事故，发生的部位、工序。

(1) 高处坠落　所谓高处作业是指操作者在坠落高度基准面2m以上（含2m）有可能坠落的高处进行的作业，都称为高处作业。根据这一规定，在建筑业中涉及到高处作业的范围，是相当广泛的，主要是在建筑物或构筑物结构范围以内的各种形式的洞口与临边性质的作业，悬空与攀登作业，操作平台与立体交叉作业，在主体结构以外的场地上和通道旁的各类洞、桩、沟、槽等的作业，只要符合上述条件，均应作为高处作业来对待，并加以防护。脚手架、井字架（龙门架）、施工用电梯、模板的安装拆除、各种起重吊装作业等，均应按高处作业的要求进行防护，避免作业人员从高处坠落。

(2) 物体打击　施工现场在施工过程中，经常会有很多物体从上面落下来，打到了下面或旁边的作业人员，即产生了物体打击事故。凡在施工现场作业的人，都有受到打击的可能，特别是在一个竖向平面内的上下交叉作业，最易发生打击事故。

(3) 触电事故　电是施工现场中各种作业的主要的动力来源，各种机械、工具等主要依靠电来驱动，即使不使用机械设备，也还要使用电照明。近年来，触电事故呈上升趋势，主要是设备、机械、工具等漏电、电线老化破皮、违章使用电气用具，对在施工现场周围以外的电线路不采取防护措施等。

(4) 机械伤害　主要指施工现场使用的木工机械如电平刨、圆盘锯等，钢筋加工机械如拉直机、弯曲机等，电焊机、搅拌机、各种气瓶及手持电动工具等在使用中，因缺少防护和保险装置对操作者造成的伤害。

(5) 坍塌事故　主要是指在土方开挖中或深基础施工中，造成的土石方坍塌；在模板支撑发生稳定性不足时导致。在2004年42起重大事故中有6起是由于模板支撑发生稳定性不足而坍塌，事故发生在拆除工程、在建工程及临时设施等的部分或整体坍塌。

二、建设工程安全管理中人的行为活动分类

为了有效地控制人的不安全行为，我们首先要认识在建设工程中人的行为。

首先建设工程中涉及的所有人员包括施工作业人员、管理人员（包括安全管理人员）、临时出入人员和相邻的场外人员。

施工作业人员是施工现场内的占绝对多数的人员，也是施工现场内的在时间上占绝对优势的人员，也是在各种安全事故中受伤害最多的人员，施工作业人员的不安全行为是导致事故的直接原因。施工作业人员中有总承包单位的施工作业人员、分包单位的施工作业人员、设备供货单位的安装作业人员、供货单位的运输机械司机等。

管理人员包括施工管理人员、监理人员、建设单位的管理人员，管理人员的不安全行为主要是违章指挥，尤其是直接施工的管理人员包括分包单位的管理人员、设备供货单位的管理人员、总承包单位的管理人员。而监理人员和建设单位的管理人员往往不直接指挥作业人员，因此不能构成直接原因。

临时出入人员包括外来参观人员、试验取样人员、行政机关管理人员等。这类人员由于不直接参与施工与管理，而且在施工现场的时间较少，因此很少由于他们的不安全行为导致安全事故，对这一类人员的管理重点是自身的安全防护。

相邻的场外人员由于其行为在施工现场之外，如临街工地围墙外的行人等，作为管理人员无法对其行为实施管理，只能通过技术防护措施来限制受到伤害。同时也要采取必要的措施来限制无关人员进入施工现场。

因此，安全管理的重点人员是总承包单位的施工作业人员、分包单位的施工作业人员、设备供货单位的安装作业人员、供货单位的运输机械司机及以上单位的管理人员的违章指挥等。

施工作业人员与管理人员活动的分类方法一般可包括：

1. 施工现场内外的不同场所的工作。如施工作业区、辅助生产区、生活区、办公区、相

邻社区等。这些场所又可进一步分为若干个更小的场所，如辅助生产区又可分为木工棚、钢筋加工区、危险品仓库、搅拌站等场所，生活区又可分为宿舍、食堂、澡堂、厕所等场所。

2. 施工阶段与工序的活动。如基础施工阶段、主体施工阶段、安装阶段、装饰施工阶段等。这些阶段又可进一步分为若干个工序或过程，如施工作业管理：打桩作业、土石方挖运、脚手架搭拆、模板安装拆除、钢筋绑扎、混凝土浇筑、砌筑作业、高处作业、施工用电、焊接作业、起重设备安装拆除、机械作业、场内运输、防水作业、保温作业、材料堆放等。

3. 计划的或被动的工作。如施工生产计划和生活后勤计划中已安排的工作，不可预期的事故抢险、异常气候时增加的临时性或紧急情况下的被动工作。

4. 事前、事中与事后的活动。事前的活动包括制定方案、制定安全技术措施、进行安全技术交底、制定管理程序等，事中的活动包括进行各个分部分项工程的作业施工与管理，事后的工作包括一道工序完成后的检查是否存在物的不安全状态。

三、建设工程事故伤害与原因分析

1. 按起因物分为：锅炉、压力容器、电气设备、起重机械、泵、发动机、车辆、船舶、动力传送机构、放射性物质及设备、非动力手工工具、电动手工工具、其他机械、建筑物及构筑物、化学品、煤、石油制品、水、可燃性气体、金属矿物、非金属矿物、粉尘、梯、木材、工作面、环境、动物、其他等。

2. 按致害物分为：煤、石油产品、木材、放射性物质、电气设备、空气、矿石、黏土、砂、石、锅炉、压力容器、化学品、机械（包括起重机械）、噪声、蒸汽、手工具（非动力）、电动手工具、动物、企业车辆、船舶。

3. 按伤害方式分为：碰撞（包括入拦固定物体、运动物体撞人、互撞）、撞击（包括落下物、飞来物）、坠落（包括由高处坠落平地、由平地坠井、坑洞），跌倒、坍塌、淹溺、灼伤、火灾、辐射、爆炸、中毒（包括吸人有毒气体、皮肤吸收有毒物质）、触电、接触（包括高低温环境、高低温物体）、掩埋、倾覆。

4. 直接原因

（1）不安全状态：指能导致事故发生的物质条件。主要有以下几种情况：

1）防护、保险、信号等装置缺乏或有缺陷

例如：无防护（包括无防护罩、无安全保险装置、无报警装置、无安全标志、无护栏或护栏损坏、电气未接地绝缘不良、风扇无消声系统、噪声大、危房内作业、未安装防止“跑车”的挡马器或挡车栏等）和防护不当（包括防护罩未在适当位置、防护装置调整不当、坑道掘进及隧道开凿支撑不当、防爆装置不当、采伐、集材作业安全距离不够、放炮作业隐蔽所有缺陷、电气装置带电部分裸露等）。

2）设备、设施、工具、附件有缺陷

例如：设计不当，结构不符合安全要求（包括通道门遮挡视线、制动装置有缺欠、安全间距不够、拦车网有缺欠、工件有锋利毛刺、毛边、设施上有锋利倒棱等）、强度不够、设备在非正常状态下运行、维修、调整不良（包括设备失修、地面不平、保养不当、设备失灵等）。

3）个人防护用品（包括防护服、手套、护目镜及面罩、呼吸器官护具、听力护具、安全带、安全帽、安全鞋等）缺少或有缺陷

例如：无个人防护用品用具，以及所有防护用品、用具不符合安全要求。

4）生产（施工）场地环境不良

例如：照明光线不良（包括照明不足、作业场地烟尘弥漫、视物不清、光线过强）、通风不良（包括无通风、通风系统效率低、电流短路、停电与停风时爆破作业、瓦斯排放未达到安全浓度放炮作业、瓦斯超限等）、作业场所狭窄、作业场地杂乱、交通线路的配置不安全、操作工序设计或配置不安全、地面滑、储存方法不安全、环境温度及湿度不当。

(2) 不安全行为：指能造成事故的人为错误。主要有以下各种情况：

1）操作错误、忽视安全、忽视警告

例如：未经许可开动、关停、移动机器，开动、关停机器时未给信号，开关未锁紧造成意外转动、通电或泄漏等，忘记关闭设备，忽视警告标志、警告信号，操作错误（指按钮、阀门、板门、把柄等的操作），供料或送料速度过快，机械超速运转，违章驾驶机动车，酒后作业，客货混载，冲压作业时手伸进冲压模，工作紧固不牢，用压缩空气吹铁屑等。

2）造成安全装置失效

例如：拆除了安全装置，安全装置堵塞、失去作用，调整的错误造成安全装置失效等。

3）使用不安全设备

例如：临时使用不牢固的设施，使用无安全装置的设备等。

4）手代替工具操作

例如：用手代替手动工具，用手清除切屑，不用夹具固定，用手拿工件进行机加工。

5）物体（指成品、半成品、材料、工具、切屑和生产用品等）存放不当

6）冒险进入危险场所

例如，冒险进入涵洞，进入将要坍塌的基坑底，装车时未离危险区，在未完工的地下室设置集体宿舍，易燃易爆场合进行明火作业。

7）攀、坐不安全位置（如平台护栏、汽车挡板、吊车吊钩）

8）在起吊物下作业、停留

9）机器运转时加油、修理、检查、调整、焊接、清扫等工作

10）有分散注意力行为

11）在必须使用个人防护用品、用具的作业或场合中，忽视其使用

例如：未戴护目镜或面罩，未戴防护手套，未穿安全鞋，未戴安全帽，未佩戴呼吸护具，未佩戴安全带，未戴工作帽等。

12）不安全装束

例如：在有旋转零部件的设备旁作业穿过肥大服装，操纵带有旋转零部件的设备时戴手套。

13）对易燃、易爆等危险物品处理错误

5. 间接原因

间接原因是指直接原因赖以产生和存在的原因。属于下列情况者为间接原因。

(1) 施工单位安全投入不足，管理体制不健全，安全管理工作不到位。

(2) 设计单位、勘察单位技术成果有缺陷，以及技术和设计上有缺陷。例如构件承载力不足、勘察结果不准、机械设备和仪器仪表不能正常工作、施工材料使用存在质量问题、工艺过程和操作方法存在问题。

(3) 教育培训不够。例如，未经培训，缺乏或不懂安全操作技术知识。

(4) 劳动组织不合理，对现场工作缺乏检查或指导错误。

(5) 没有安全操作规程或规程内容不具体、不可行。

(6) 没有或不认真实施事故防范措施，对事故隐患整改不力。

(7) 建设单位不合理的压缩合同工期，建设单位要求垫资、压价，造成安全施工措施费用不到位。

(8) 安全监管机制不完善，施工企业发生安全事故受罚不重，监管机构效能有局限，等等。

四、防止建设工程安全事故的最基本方法

通过前文安全事故的致因理论，基本可以得出一个一致的结论，人的不安全行为与物的不安全状态是产生事故的直接原因，只要能够消除人的不安全行为与物的不安全状态，可以预防98%的事故。而事故的间接原因对于不同的国家、不同的行业及不同的企业则有不同的情况。

因此，从理论上来说，防止安全事故有四种最基本的有效方法：

1. 对工程技术方案进行审查与改进，强化安全防护技术。

2. 对作业工人进行安全教育，强化他们的安全意识。

3. 对不适宜从事某种作业的人员进行调整。

4. 必要的惩戒。

这四种最基本的安全对策后来被归纳为众所周知的3E原则，即：

1.Engineering——对工程技术进行层层把关，确保技术的安全可靠性：运用工程技术手段消除不安全因素，实现生产工艺、机械设备等生产条件的安全。

2.Education——教育：利用各种形式的教育和训练，使职工树立“安全第一”的思想，掌握安全生产所必须的知识和技能。

3.Enforcement——强制：借助于规章制度、法规等必要的行政、乃至法律的手段约束人们的行为。

一般地讲，在选择安全对策时应该首先考虑工程安全技术措施，如电器设备的接地装置、起重机挂钩的防脱落保险装置等，然后是教育训练。实际工作中，应该针对不安全行为和不安全状态的产生原因，灵活地采取对策。例如：针对职工的不正确态度问题，应该考虑工作安排上的心理学和医学方面的要求，对关键岗位上的人员要认真挑选，并且加强教育和训练；如能从工程技术上采取措施，则应优先考虑。对于职工技术不足的问题，应该加强教育和训练，提高其知识水平和操作技能；尽可能地根据人机工程学的原理进行工程技术方面的改进，降低操作的复杂程度。为了解决职工身体不适的问题，在分配工作任务时要考虑心理学和医学方面的要求，并尽可能从工程技术上改进，降低对人员素质的要求。对于不良的

物理环境，则应采取恰当的工程技术措施来改进。

消除人的不安全行为可避免事故。但是应该注意到，人与机械设备不同，机器在人们规定的约束条件下运转，自由度较少；而人的行为受各自思想的支配，有较大的行为自由性。这种行为自由性一方面使人具有搞好安全生产的能动性；另一方面也可能使人的行为偏离预定的目标，发生不安全行为。由于人的行为受到许多因素的影响，控制人的行为是一件较为困难的工作。

消除物的不安全状态也可以避免事故。通过改进生产工艺，设置有效安全防护装置，根除生产过程中危险条件，使得即使人员产生了不安全行为也不致酿成事故。在安全工程中，把机械设备、物理环境等生产条件的安全称作本质安全。在所有的安全措施中，首先应该考虑的就是实现生产过程、生产条件的安全。但是，受实际的技术、经济条件等客观条件的限制，完全地杜绝生产过程中的危险因素几乎是不可能的，我们只能努力减少、控制不安全因素，使事故不容易发生。

即使在采用了工程技术措施，减少、控制了不安全因素的情况下，仍然要通过教育、训练和规章制度来规范人的行为，避免不安全行为的发生。

在人机协调作业的建设工程施工过程中，人与机器在一定的管理和环境条件下，为完成一定的任务，既各自发挥自己的作用，又必须相互联系，相互配合。这一系统的安全性和可靠性不仅取决于人的行为，还取决于物的状态。一般说来，大部分安全事故发生在人和机械的交互界面上，人的不安全行为和机械的不安全状态是导致意外伤害事故的直接原因。因此，工程建设中存在的风险不仅取决于物的可靠性，还取决于人的"可靠性"。根据统计数据，由于人的不安全行为导致的事故大约占事故总数的88%。预防和避免事故发生的关键是从工程项目施工开始，就应用人机工程学的原理和方法，通过正确的管理，努力消除各种不安全因素，建立"人—机—环境"相协调工作及操作的机制。

因此，我们可以认为，预防建设工程安全事故的最基本的方法有：

1.建立健全安全生产管理制度。从制度上来减少人的不安全行为和物的不安全状态。通过制度来提高人们的安全防护意识，强化安全防护技术的应用，保证必要的安全设施与措施费用，杜绝只强调生产而忽视安全的行为，同时也通过制度对违反规定的行为进行必要的惩戒。

2.强化安全教育。安全教育可以提高施工人员的安全操作技能与人们的安全意识，防止人的不安全行为有非常重要的作用。专业安全人员及施工队长、班组长是预防事故的关键，他们工作的好坏对能否做好预防事故工作有重要影响。

3.统一管理生产与安全工作，不断审查和改进技术方案和安全防护技术。通过安全防护技术的应用既消除物的不安全状态，还可以消除人的不安全行为。施工生产企业应有足够的安全投入来实施安全防护措施。把安全技术费用纳入到成本管理之中。

4. 必要的安全防护装置与工具。

5.必要的检查与监督。

第四章　监理人员在建设工程安全管理中的作用分析

一、监理人员在预防建设工程安全事故中的作用分析

经过分析事故的直接原因与间接原因，将人的不安全行为与物的不安全状态结合到具体的建设工程施工管理中，经过归纳可以认为，只要抓好以下十个方面的工作，即可实现预防建设工程安全事故的目标。

1. 针对施工所处的安全环境，制定必要的确保安全的施工方案、安全措施，以达到事前预控的目标；

2. 对进入施工现场的工程材料、工程设备、施工机具与设备、临时周转材料如钢管扣件等均应严格按质量标准验收；

3. 对从业的管理人员和操作人员进行针对性的资格能力鉴定、安全教育和培训、安全交底，及时提供必需的劳动防护用品；

4. 对安全防护物资进行验收、标识、检查和防护；

5. 对施工设施、设备及安全防护设施的搭设和拆除进行交底与过程防护、监控，在使用前进行验收、检测、标识，在使用中检查、维护和保养，并及时调整和完善；

6. 对重点防火部位、活动和物资进行标识、防护，配置消防器材和实行动火审批；

7. 保持场容场貌、作业环境和生活设施文明卫生、规范有序，保护道路管线和周边环境；

8. 对与重大危险源和重大不利环境因素有关的重点部位、过程和活动，组织专人监控；

9. 形成并保存施工过程控制活动的记录；

10. 建立施工安全的组织保证体系和制度保证体系，从组织上落实安全生产管理工作。

由此，我们结合一般的监理工作内容、监理工作的规律两个方面，对上述预防建设工程安全事故的工作进行详细地分析，从中正确认识和把握监理人员在预防建设工程事故中的作用，从而明确并落实监理人员在建设工程安全生产管理方面相应的监理责任。

（一）施工前要编制确保安全的施工方案，并且要从预控的角度出发认真审查。

施工单位作为生产单位，必须针对施工过程中需控制的活动，施工现场的安全环境，制定施工组织设计、专项施工方案、专项安全措施、安全程序、规章制度或作业指导书，并组织落实。

施工单位应在施工前分析施工工期、质量要求及施工安全环境，编制施工组织设计及主要施工方案，并将有关资源配置到位。

通常对专业性强、危险性大的部位、过程、活动，如脚手架、模板工程（包括支撑系统的设计计算）、基坑支护、施工用电、起重吊装作业、物料提升机及其他垂直运输设备的安装与拆除（包括基础和附着的设计）、孔洞临边防护、爆破施工、水下施工、拆除施工、人工挖孔桩施工等都需专门编制专项施工方案和专项安全措施。对于一些危险性较大的分部分

项工程施工方案，施工单位还要组织专家进行审查。

在这一项工作中，根据监理工作的特点，从预控的角度出发，监理人员要对施工组织设计和施工方案进行审查来控制工程项目的质量、进度和造价。从编制方案的角度出发，一个不能保证安全的施工方案是不能用来作为依据指导和组织施工。不论它如何能够节省造价或加快进度均应如此。因此，监理人员要尤其注意可能造成伤亡事故的各种施工方案，如高度较高、跨度较大、荷载较大的模板支撑系统、基坑支护方案、吊装方案等，并对这些方案严格审查和把关，形成书面意见，做到有案可查。

对施工方案的实施要不要实行监督，回答是肯定的。但是由于方案的实施过程中有主要方面和次要方面，例如一个吊装方案，主要的方面包括吊点的位置、主要吊具的选用、吊装程序，次要的方面如吊具（如钢丝绳）是否有缺陷、各种规格各个螺丝的松紧程度。从监理工作的规律、监理人员的精力和能力来看，监理人员对施工方案的实施进行监督也只能是主要方面。究竟如何确定主要方面和次要方面，只能根据不同的实际情况来界定，作为法规或规定则很难明确。因此《条例》只要求施工单位的专职安全员对施工方案的实施进行监督。而没有对监理人员提出监督方案实施的要求。

（二）对进入施工现场的工程材料、工程设备、施工机具与设备、临时周转材料，如钢管扣件等均应严格按质量标准验收。

施工单位在进行施工时要消耗大量的材料，这些材料有些是用于永久工程的，如钢筋、水泥、砂石等，这些材料不合格不但会引起质量问题，而且还会引起安全事故。对于这些材料，监理人员从控制工程质量的角度出发，必须进行检查与验收，有些还要进行抽检。但是有些材料是用来作为工具，如模板消耗的木材、胶合板等监理人员一般是不进行检查的，而施工人员一般由材料员进行外观验收。但是木材的质量问题有可能引起安全事故。

用于永久工程上的工程设备，一般都是新购，出厂要经过生产厂家的出厂检验。施工人员和监理人员要进行开箱检查，核对相关的设备清单及外观检查，但是其性能往往要到安装调试后才能检测。

施工中施工单位要大量使用机具与施工设备以提高劳动生产率，这些施工机具与设备小到电线插座、斧头，大到混凝土泵车与起重机械，数量与种类繁多。按照工种分：有钢筋工工具、木工工具、瓦工工具、电工工具、混凝土施工机具；按照用途分：有打桩机械、挖土机械、夯实机械、运输机械、焊接机械、切割机械、临时用电设备等；按动力分：有手动、电动、柴油动力、汽油动力。这些施工机械安全性能不好时极易产生安全事故。

对于施工机械的安全性能的检查除了专业的机械维修管理人员之外，还有这些机械设备的操作人员，作为监理人员很难在这些机械设备每次使用前对它们进行安全性能检查，即使对于大型机械设备，监理人员也不能做到每次使用前对它们的安全性能进行实质性的检查，因为监理人员通常不具有实质性检查施工机械、机具安全性能的方法和手段。如打桩机械、挖土机械、起重机械等。

施工单位除了自有的施工机械之外，施工现场还有一些借用或租赁来的机具，如小到钢管、扣件、电机，大到塔吊、井架等。一般说来施工机具的产权单位或使用人员才能真正了解或检查其安全性能，监理人员很难全面掌握施工企业的自有或租赁机具的数量与种类。然而这些机械与机具的安全性能不可靠同样可以引发安全事故。

监理人员对施工单位使用的大型施工机械设备进行进场前审查，这实际上只能是程序性审查，即审查其是否具有安全许可证，或施工单位是否对其进行了安全检查等，至于施工单位如何进行检查或是否能够真正保证机械设备的安全可靠，监理人员则难以深入。一方面，这种审查只是使用前的一次性审查，而不能做到经常性审查或每次使用前进行一次审查；另一方面，大多数情况下建筑安全监督站只对现场的塔吊和临时人货电梯等危险性较大的起重升降设备有明确的安检要求，对其他的各种机械设备及工具并没有系统、全面和明确的程序性要求，而导致监理人员对机械设备进场前审查只限于现场的塔吊和临时人货电梯等危险性较大的起重升降设备，监理人员对其他的机械设备或工具的审查只能也流于形式。

从目前的情况看，绝大多数监理单位不具备对大型施工机械或机具进行安全性能检测的能力，也缺乏相应的安全性能评价的国家标准或行业标准。

尽管如此，作为监理人员在巡视施工现场时也应关注施工机械或机具的使用状况，一旦发现有施工机具使用方面的安全隐患时，应该及时要求施工企业及时采取安全措施。

（三）对从业的管理人员和操作人员进行针对性的资格能力鉴定、安全教育和培训、安全交底，及时提供必需的劳动防护用品。

从前面的理论分析来看，这一工作对预防安全事故非常重要，也非常有效。

进入施工现场的管理人员和操作人员，不论是总包单位或分包单位的人员，上岗前必须按政府有关部门的规定，对其所需的执业资格、上岗资格和任职能力进行检查、核对证书，包括项目经理、项目管理人员，电工、焊工、架子工、塔吊和施工升降机装拆工、操作工、整体式提升脚手架操作工等特种作业人员，以及木工、混凝土工、钢筋工等一般施工人员，只有对应岗位或工种的证书专业相符且有效，才能安排上岗。

项目施工负责人应在上岗前和施工中对进入施工现场的自有和分包方从业人员进行安全教育和培训。特别在上岗前应以最清楚简洁的方式，如作业指导书、安全与技术交底文本等，对作业人员进行安全与技术交底，双方签字认可。对操作人员应分不同工种、不同施工对象，或分阶段、分部位、分工种进行安全交底，如混凝土浇筑、支模、拆模、钢筋绑扎等，必须实施分层次交底。交底应采用书面形式，内容要有针对性，应告知安全操作规程和违章操作的危害。

项目经理部应按危险源控制策划的结果和有关劳动防护用品发放标准规定，向管理人员和操作人员提供合格的安全帽、安全带、护目镜等劳动防护用具和安全防护服装，严禁不符合劳动防护用品佩带标准的人员进入作业场所。

在实际的监理工作中，有不少项目的监理人员能够在开工前主动要求施工单位申报并检查上岗人员尤其是特殊专业工种的上岗证。如果能够真正把特殊工种持证上岗落到实处，这对于预防安全事故是非常有积极意义的，也是应该得到鼓励的。

目前施工市场上的劳务人员流动十分频繁，施工也往往周期较长，现场作业面很多，在

施工过程中是否混杂了一些无证人员，或者其证件是否具有有效性，监理人员很难全面及时地掌握，事实上只有负责施工生产的班组长才能完全掌握清楚。从以往监理人员检查施工人员岗位证书情况来看，监理人员的这种检查并不保证做到在每一天使每一个特殊工种的每一个操作工人均能够持证上岗，而施工单位的负责施工生产的班组长才是完全可以做到的。

与检查特殊工种的持证上岗一样，由于施工人员众多，且流动性较大，在施工的各个不同阶段有些工种的操作工人要不断地撤出，而有些工种的操作工人要不断地进场，监理人员检查安全教育与安全交底工作也只能从表面上进行，而很难深入到每一个工人的安全教育与安全交底的过程中。这一工作必须由施工单位的专职安全员和各个班组密切配合才能完成。由于安全教育与交底工作在预防事故中的重要作用，尽管监理人员很难检查到对每个人是否进行了安全交底与安全教育，还是有必要要求施工单位定期向监理机构申报项目的施工安全交底与安全教育情况，有利于把安全交底与安全教育工作落到实处。

（四）对安全防护物资进行验收、标识、检查和防护。

安全防护物资是专门用于防护目的的生产物资。如安全网、安全帽、安全带、灭火器、防护栏、设备防护违章装置等，这些物资的质量与可靠性直接影响安全防护的效果。

施工单位要对安全防护物资进行验收、标识、检查和防护，防止安全设施所使用的材料、设备和防护用品非预期使用及消除不安全因素。

对进入现场的安全防护物资，不论是自行采购、企业内部调拨、外单位借入或是属于分包方的，都应由项目经理部组织验收，只有经验收符合安全使用要求，确认合格后，方可投入使用，防止假冒伪劣产品进入工地。验收标准应符合采购或租借合同、有关法律法规和安全技术标准要求。验收方法包括查看实物质量、提供质量保证资料、生产许可证明，必要时可进行抽样或全数检验。对验收不合格的安全防护物资，为防止非预期的使用，一般应立即清退出现场，难以当场清退出场时，应作好记录，并采取隔离、挂牌等形式进行标识和警示。

为了防止安全防护物资的混用、错用，必要时实现可追溯性管理，对其品牌、规格、型号和验收状态作出识别标志，如挂牌或进行记录。验收状态一般分为待检（未检）、已检待定、合格或不合格等四种。

为防止安全防护物资的损坏和变质，应采取设库、设池、上架堆放、遮盖、上油等方式进行贮存和防护，并在贮存期间对安全防护物资的防护和质量情况进行检查。

很显然，这一工作完全是施工企业内部的安全管理工作，现场需要哪些安全防护物资与施工单位对于生产的安排密切相关，一般情况下监理人员最多只能了解一些表面的情况，因而无法知道其实质性的安全状况。因此此项工作应完全由施工单位负责落实并承担全部责任。这一方面的安全隐患监理人员是较难发现的，当然监理人员一旦发现了存在隐患，监理人员就应要求施工单位进行处理。

（五）对施工设施、设备及安全防护设施的搭设和拆除进行交底与过程防护、监控；在使用前施工单位要进行验收、检测、标识；在使用中检查、维护和保养，并及时调整和完善。

(1) 安全防护用品及施工机械设备、机具进场前，施工管理人员必须检验有关证件，如生产许可证、产品合格证等。

(2) 中小型施工机具在使用前，必须对安全保险、传动保护装置及使用性能，由机械管理部门进行检查、验收，填写验收记录，合格后方可使用。塔吊、施工升降机、井架与龙门架等起重机械设备，组装前与拆除前应按专项技术方案组织交底、组装拆除过程应采取防护措施，并进行过程监护，组装搭设完毕后，一般由企业和项目经理部按规定三级验收，检查要点包括：基础的隐蔽工程验收、预埋件、平整度、斜撑、剪刀撑、墙体埋件、垂直度、电器、起重机械等专项检查和检验。其中塔吊、施工升降机等危险性较大的起重、升降设备，在企业内部安装调试或验收后，再向行业的机械检测机构申请检测，颁发合格证后方可投入使用。机械管理部门或岗位人员负责对机械操作人员进行安全操作技术交底，并且落实日常检查，督促机械操作人员做好机械的维修和保养工作。

(3) 施工现场临时用电的变配电装置、架空线路或电缆干线的敷设、分配电箱等用电设备，在组装完毕通电投入使用前，由安全部门或岗位专业技术人员共同按临时施工用电组织设计的规定检查验收，对不符合要求处须整改，待复查合格后，填写验收记录。使用中由专职电工负责日常的检查、维修与保养。

(4) 普通脚手架按规定要求进行交底搭设，悬挑钢平台、特种脚手架按施工组织设计中专项方案规定的要求进行交底搭设。普通脚手架搭设到一定高度时，按检查验收规定的要求，由企业与项目经理部分步、分阶段进行检查、验收，合格后做好记录，再投入使用，使用中落实专人负责检查维护。特种类的挑、挂、爬（整体式提升）脚手架要按施工组织设计中的专项搭设方案进行检查、验收，其中提升架的架体结构、抗倾覆、防脱落等安全措施及装置，必须通过有关部门组织的专家鉴定，一般是由取得专业资质的单位负责组装、提升，验收时，企业专业部门和项目经理部共同参加验收，通过后再向行业检测机构申请检测，合格后方准投入使用，在每次提升或下降以后，还必须再次验收，否则不得投入使用。

(5) 对洞口、临边、高处作业所采取的安全防护设施，如通道防护栅、电梯井内隔离网、楼层周边和预留洞口防护设施、基坑临边防护设施、悬空或攀登作业防护设施，规定专人负责搭设与检查。在施工现场内应落实负责搭拆、维修、保养这些防护设施的班组，该班组应熟悉整个工程需搭拆的安全防护设施情况，以利于保持所搭设施的标准和连续性，搭拆都需要明确专门的部门或人员负责过程监控、检查与验收。

(6) 工程施工多数情况为露天作业，而且现场情况多变，又是多工种立体交叉作业。设备、设施在验收合格投入使用后，在施工过程中往往会出现缺陷和问题，人员在作业中往往会发生违章现象，为了及时排除动态过程中物和人的不安全因素，防患于未然，必须对设施、设备在日常运行和使用过程中易发生事故的主要环节、部位进行全过程的动态自查、互查和专门检查维护，以保持设备、设施持续完好有效。

(7) 在施工现场入口处、起重设备、临时用电设施、脚手架、出入口、通道口、楼梯口、电梯井口、孔洞口、基坑边等危险部位设置明显的安全警示标志。

对施工设施、设备及安全防护设施的搭设和拆除在什么时间进行，如何进行搭设与拆除完全是施工生产中的具体工作，涉及施工企业内部的人员管理、设备管理、流水作业管理、成本管理、安全管理等方方面面，一般情况下监理人员较难掌握到施工单位内部的这些非常

细致的生产安排过程，对这项工作进行交底与过程防护、监控，在使用前进行验收、检测、标识，在使用中检查、维护和保养，并及时调整和完善，也完全是施工单位自身的工作。

从目前来看，不论从监理工作的经费与规律来看，还是从人员数量、工作能力、责任角度等方面，未通过系统训练的监理人员及监理合同中未加以明确的情况下是无法对所有的施工设施、设备及安全防护设施的搭设和拆除实施有效的监管。

首先，施工中施工设施、设备及安全防护设施的搭设和拆除量大面广，如施工机械设备、安全防护机具、施工现场临时用电的变配电装置、架空线路或电缆干线的敷设、分配电箱等用电设备、普通脚手架、悬挑钢平台，特种类的挑、挂、爬（整体式提升）脚手架，通道防护栅、电梯井内隔离网、楼层周边和预留洞口防护设施、基坑临边防护设施、悬空或攀登作业防护设施，甚至每一个施工马道和安全警示标志等等，而且处于动态变化之中。

如果由监理人员来进行真正的有效的监管，就要建立各种施工设施、设备及安全防护设施的搭设和拆除的验收使用审批制度。然而从施工单位的角度来看，其申报验收的工作量非常大，也需要较多的验收时间，施工单位往往难以接受，事实上目前也缺乏相关施工设施、设备及安全防护设施的搭设和拆除的检查验收标准。从目前的监理取费来看，监理人员的投入是远远不够的。如果这样做，监理单位与总包单位也就没有区别了。

第二，对施工设施、设备及安全防护设施的搭设和拆除进行交底与过程防护、监控，在使用前进行验收、检测、标识，在使用中检查、维护和保养，并及时调整和完善是一项非常专业、而且涉及专业很多的工作，从能力的角度应由不同设备或设施的安全工程专业的人员才能胜任，一般监理人员不经过系统的专业培训是难以做到的。

第三，从责任角度来说，施工设施、设备及安全防护设施的搭设和拆除是施工人员为了施工作业的方便而进行的，施工人员对施工设施、设备及安全防护设施的搭设和拆除往往得根据自身的技术水平、操作工人的安全意识和操作水平、安全管理水平等具体情况来实施，这些内部的具体情况监理人员也是难以全部了解的。因此，监理人员也就无法实施有效的监管，其责任不应由外部人员来承担。

但是，施工单位在搭设和拆除一些特别容易出现安全事故的施工设施、设备及安全防护设施（如塔吊、高脚手架等）之前，监理人员应要求施工企业事前申报搭设或拆除方案，监理人员要进行认真审查及现场检查。至于哪些施工设施的搭设和拆除容易产生安全事故，由于安全工作非常复杂，很难给出一个明确的界定，只有视项目施工时的具体安全状况、生产环境、施工单位的安全管理水平、与业主的签订委托监理合同等方面来确定。

（六）对重点防火部位、活动和物资进行标识、防护，配置消防器材和实行动火审批。

施工单位要按防火要求对木工间、油漆仓库、氧气与乙炔瓶仓库、电工间等重点防火部位，高层外脚手架上焊接等作业活动，氧气和乙炔瓶、化学溶剂等易燃易爆危险物资的贮存、运输，进行标识、防护，配置相应的灭火机等消防器材和设施，在火灾易发部位作业或者贮存、使用易燃易爆物品时，施工单位应当采取相应的防火、防爆措施。落实专人负责管理。对施工中动用明火，根据防火等级，施工单位要建立并实施动火与明火作业分级审批制度，落实监护人员和灭火机等器材。

施工现场的防火部位、防火物资、明火作业也是动态变化的，也是施工生产的具体工作。由于监理人员并不直接干预施工企业的生产安排，因此监理人员难以全面准确地掌握防火物资及明火作业情况，如果要求监理人员对其进行管理或监控，仅此一项工作导致监理的工作量要增大很多，施工管理工作中也会增加大量的报验审批工作，施工人员也无法适应。

但是，监理人员在施工现场一旦发现有火灾隐患时仍应要求施工单位整改。

（七）保持场容场貌、作业区与生活区分离和生活设施文明卫生、规范有序，保护道路管线和周边环境，减少并有效处理废水、废气、粉尘、噪声、振动和固体废弃物，组织好施工期间的道路交通。

(1) 按施工组织设计的施工平面布置方案将生活区与工作区分开设置，并保持安全距离。工作区应做好施工前期围挡、场地、道路、排水设施准备，按规划堆放物料，设置安全标志，开展安全宣传，监督施工作业人员，做好班后清理工作以及对作业区域安全防护设施的检查维护。

(2) 施工现场必须按国际劳工组织和政府建设行政主管部门的标准设置宿舍、食堂、厕所、浴室，具备卫生、安全、健康、文明的有关条件，临时搭设的建筑物应当经过计算或具有产品合格证。施工过程中确保饮用水供应，尤其是夏天高温季节，必须提供防暑降温饮料。

(3) 施工单位应按建设单位提供的地下管线资料，就工程施工区域及其影响区域的地下管线、障碍物的详细情况，包括位置、深度、走向、管道直径，是否带电的供电电缆管道、通信电缆（特别是有些通信设施带有保密性）等，与建设单位有关部门人员交接清楚，必要时应作实地勘察。根据基坑开挖的面积和深度，对施工区域及周围的道路、人行道及其地下障碍物、基础设施及地下管线设施作出专题清理或保护方案。对施工中可能导致损害的毗邻建筑物、构筑物和特殊设施等采取专项保护措施。涉及市政、公用的大型设施、地铁隧道、大口径的排水系统、自来水管道时，必须做出详细周密的施工技术方案，对方案中的安全防护专项技术措施，应经过各有关方面的专家论证确认后，方能具体实施。

(4) 对施工过程中因废水、废气、粉尘、噪声、振动和固体废弃物的排放可能造成的职业危害和不利环境影响，应落实施工现场安全生产保证体系文件中关于劳动保护、文明用工和环境保护的各项措施，使其排放控制在允许范围之内，如：围挡封闭施工，施工废水经沉淀后排放，硬化施工场地，处于城市中心区域工地的夜间施工时控制施工噪声，除浇筑混凝土必须连续施工外、减少不必要的夜间施工，建筑垃圾分类集中堆放并及时清运，土方车辆出场全面密闭覆盖并冲洗、减少遗洒与污染，现场周围及沿街设置文明、安全和可靠的防护隔离设施，等等。

根据《条例》和有关工程建设监理的部门规章的规定，文明施工的工作完全由施工单位承担。但是涉及市政、公用的大型设施、地铁隧道、给排水干道管时，监理人员应要求施工单位编制详细周密的施工技术方案，对方案中的安全防护专项技术措施，应经过各有关方面的专家论证确认后，方能具体实施。

（八）对与重大危险源和重大不利环境因素有关的重点部位、过程和活动，组织专人监控。就施工现场危险源、不利环境因素及安全生产有关信息，与从业人员及相关方进行交流与沟通，对涉及重大危险源和重大环境因素的问题及时作出处理，并形成记录和回复。

(1)应根据已识别的重大危险源和不利环境因素，确定与之相关的需要进行重点监控的重点部位、过程和活动，如深基坑施工、起重机械安装和拆除、悬空作业、整体式提升脚手架升降、大型构件吊装等。

(2) 根据监控对象确定熟悉相应操作过程和操作规程的监控人员，明确其制止违章行为、暂停施工作业的职责权限，并就监控内容、监控方式、监控记录、监控结果反馈等要求进行上岗交底和培训。

(3) 根据规定实施重点监控，特别是对悬空作业、整体或提升脚手架升降必须进行连续的旁站监控，并做好记录。

(4) 对重大危险源和重大环境因素的问题与从业人员及相关方进行交流与沟通，及时作出处理，并形成记录和回复，交流与沟通的对象可包括施工人员、所属企业有关部门与领导、设计人员、监理人员、业主单位管理人员、供应商、分包商、社区、政府安全生产和文明施工管理部门等。沟通的内容可包括施工现场安全生产保证体系运行的要求和动态信息，有关事故、隐患的信息等。信息的具体内容涉及危险源、不利环境因素及安全生产。

(5)对有关重大危险源和重大不利环境因素的外部或内部信息，如政府建设行政主管部门和上级单位的整改指令、社区居民的严重投诉、媒体的批评曝光、重大事故的查处等，都应规定处理的程序和职责，并建立和保存必要的处理记录和回复记录。

关于重大危险源和重大不利的环境，所有涉及人员都应该加以监控，监理人员也不例外，因此《条例》要求监理人员发现隐患要及时处理。处理意见包括整改、停工、向行政部门报告等。应该明确的是监理人员在监理工作过程中，应努力发现安全事故隐患，这一点是毫无争议的。但是如果由于监理人员未能发现隐患，而后来此隐患导致了安全事故，监理人员是否要承担责任呢？

由于安全隐患的隐蔽性、复杂性，并不能保证每一个隐患被安全管理人员发现。根据前人的研究，98％的事故是可以预防的，有2％的事故是难以预防的。因此不论是监理人员还是施工单位的专职安全人员，虽然非常努力地工作，甚至施工中采取了非常严格的安全措施，也难以保证不漏掉任何一个安全事故隐患。因此，监理人员承担责任的关键在于监理人员是否采取了一定措施（如定期检查）去注重发现安全事故隐患。尤其是对于一些有较大危险性的作业现场，监理人员应定期巡视并检查是否存在安全隐患。

应该注意的是，隐患是不容易被发现的。尽管监理人员采取了较为严格的措施，仍不能保证一定发现所有的隐患。

如何界定监理人员是否采取措施，应根据现行的有关法律法规、监理规范及监理委托合同来确定。

（九）形成并保存施工过程控制活动的记录。

前文所述施工过程的控制活动，施工单位应根据控制策划结果和体系文件的规定，在需要形成并保存记录的控制点和控制活动中，按事先确定的记录格式，及时形成有效的记录。

这项工作的目的是为了能够系统地规范前面所讲的工作要求，进一步总结经验与教训，监理人员可以要求施工单位按照一定的要求进行记录与保存。

值得强调的是，监理人员在处理有关安全问题时应保存有关的全部资料，如审查施工组织设计的情况、审查施工方案的情况、巡视重大危险性的施工现场的记录、发现安全隐患的处理情况、有关安全生产方案的监理工程师通知等。保存的目的之一是当万一发生事故时，能够正确界定监理人员是否应当承担责任。

（十）建立施工安全的组织保证体系和制度保证体系，从组织上与制度上落实安全生产管理工作。

施工安全的组织保证体系包括机构设置、人员配备和工作机制。一般包括安全生产工作的领导机构、专职管理机构（安全职能部门）、企业和项目的主要负责人、专职安全管理人员和各级生产管理人员。

根据《条例》的规定：施工单位主要负责人依法对本单位的安全生产工作全面负责，企业的主要负责人成为安全生产的第一领导者，项目的负责人是项目安全生产的第一责任人。同时由于技术工作是安全工作的重要基础，安全施工方案和安全技术措施都是职能部门编制，因此，施工单位的安全生产的组织机构包括负责生产、负责技术与专职安全的三条管理线路。组织体系所包括的领导层、管理层、执行层与支持层应合理配置、相互适应，不能简单地排个名单就行。

为施工安全管理的各个环节提供制度保证，一般由安全施工的岗位管理、措施管理、投入与供应管理和日常管理等四个方面的制度所组成。

岗位管理制度包括：安全生产工作的组织制度、安全生产岗位责任制度、安全生产教育制度、安全生产岗位培训考核制度、安全值班制度、特种作业人员管理制度、外协单位与人员管理制度、安全生产奖惩制度。

措施管理制度包括：安全作业环境和条件管理制度、安全施工技术措施编制与审批制度、安全技术措施实施的管理制度、安全技术措施总结与评价制度。

投入与供应管理制度包括：安全作业环境和安全措施费用编制审核与使用管理制度、劳保用品发放管理制度、特种劳动保护用品使用管理制度、应急救援设备与物资管理制度、机械设备与工具的维修与报废管理制度。

日常管理制度包括：安全生产检查与验收管理制度、安全生产交接班管理制度、危险品管理制度、安全隐患处理与整改备案管理制度、异常情况与事故征兆报告与处理制度、安全生产事故报告与处理制度、安全生产信息收集与归档管理制度。

事实上，目前施工企业中真正能够落实安全管理机构及其制度的非常之少，不少企业重生产轻安全的问题还没有得到解决。在过去的监理工作中，有些监理人员也对施工单位的安全管理体系进行一些审核，但由于安全生产管理体系的运行及其制度的执行是隐性的，监理人员的审查只能体现在安全管理体系的岗位设置方面，往往也流于形式，如一份书面的安全管理机构岗位设置名单。不少项目关键岗位管理人员不到位的情况非常普遍，除了发一份监理工程师通知明确相关要求外，监理人员没有更好的约束手段。制度不落实的情况就更难解

决了。

事实证明，靠外部力量检查和落实其组织保证与制度保证是非常困难的。因此，监理人员作为外部力量对施工单位没有足够的约束权限，难以落实施工企业的各项安全生产管理制度。正因为如此，《条例》没有要求监理人员进行检查和落实。

当前，我国的各种事故频发，国家强调建立应急救援预案。因此应鼓励监理人员去监督施工单位的应急救援预案编制情况，这对减少事故损失是非常有效的。由于制度规定、施工单位的意愿等各方面的原因，这项工作不能成为监理人员必须完成的工作，更不可成为追究监理人员责任的理由。

在没有深入分析监理人员在预防建设工程安全事故中究竟能够发挥多大作用之前，往往会有一种不正确的逻辑：监理人员要审查施工方案、要管理质量、要管现场，所以监理人员要管生产，而生产与安全是紧密联系的，所以也就要对安全事故负责。

然而从监理工作的规律与特点出发，分析了监理工作在安全生产管理工作中的作用之后，我们可以得出一个结论，监理人员对于安全生产管理工作只能抓大事，要抓危险的事，要抓力所能及的事。不能因为监理人员自己做不到、做不了或不该做的行为，事后发生了安全事故，来让监理人员去承担相关的责任。如果事无巨细地将所有安全预防工作全部纳入监理工作的内容之中，第一，监理单位做不到；第二，施工单位会无法适应监理单位过多过细的管理，或者使施工单位丧失安全管理第一责任人的信念，从而导致更多的安全事故；第三，使监理人员心理发生错位，分不清监理单位与施工单位的安全职责区分。这也是《条例》对监理工作只提出有限的三条规定的原因。

从总体上来说，在建设工程施工过程中，监理人员要从根本上树立预防事故的信念，尽可能地审查好施工方案、开展相关的预防监管工作，尽可能发现事故隐患，并及时处理，严格执行国家强制性标准。监理人员有道义采取必要的管理措施来预防安全事故的发生，不应该担心发生事故后可能会受到错误追究责任而不敢大胆进行安全管理工作。一旦发生事故，监理人员受到追究责任的依据只能是法律与法规。也就是说道义和责任的内容是不完全相同的。

监理人员对安全的管理只能限于对施工单位的管理人员，而不是对现场的作业工人，也就是说，监理人员的安全管理工作只能消除部分间接原因，直接原因还是要依靠施工管理人员采取预防措施来消除。

还应该指出，由于监理人员是施工企业的外部人员，从深度上说管理不可能非常深入，也由于监理费用与监理人员与施工费用、施工管理人员相比相差甚远，所以从范围上说不可能全面预防、面面俱到。因此，万一发生事故追究责任时，只能从监理人员必须做到且能够做到的工作来判定，也就是《条例》第五十七条所规定的处罚。

二、监理人员在建设工程安全管理工作中的地位

防范建设工程安全事故的核心就应该从建设工程的事故原因入手来进行，不论是直接原因还是间接原因，施工企业及其管理人员与作业人员才是预防建设工程安全事故的直接责任

单位和责任人。为了弄清监理人员在预防建设工程安全事故中所承担的责任，我们有必要来分析监理人员在建设工程安全管理工作中的地位。

1．业主的利益决定了委托监理合同往往并不要求监理人员承担安全方面的监理工作

建设单位的目标是花费一定的费用在一定的时间获得质量符合要求的工程产品。当然，建设单位也不希望在施工过程中发生伤亡事故，然而这属于一种道义，而不是重要的利益。正如一个普通顾客购买一项工业产品，如汽车，他关心的是汽车的价格、性能、质量、交付方式、售后服务等，而并不关心该汽车在制造过程中是否发生过安全事故。当然顾客也不能倚仗自己的优势来迫使生产人员不顾安全生产的要求来盲目要求提前交货等。作为工程项目的建设单位来说，他的核心利益并不要求他自己关心施工过程的太多细节，如关心某个工序的结果而并不关心某个工序返工了几次，只要能够按时完成，他并不关心多少人在施工现场，也不关心工人是否生病或受到伤害。而监理人员是建设单位所委托的工程管理人员，一般情况下，建设单位没有必要拿出一定的经费委托监理人员来管理他并不关心的事情，除非政府强制他这样做则另当别论。

建设单位对项目实行的是项目管理，委托监理单位进行的是从业主角度出发的目标管理，如保障质量、进度与投资目标的实现，而不是从施工单位角度出发的生产管理，监理单位在进行目标管理的过程中只涉及生产环节中的很少一部分（如验收环节）。而安全管理是生产过程中的管理工作，与生产中安排人员、使用机具、生产环境紧密相关，因此安全生产主要是施工企业的工作责任，监理人员只能承担属于自己工作范围内相应的安全责任。

2．监理人员应严格执行《条例》对监理工作的要求

尽管工程项目的建设单位并不全部要求监理人员承担安全方面的监理工作，但是《条例》提出了明确的要求，因此监理人员必须无条件服从和严格执行。这与有些地方所提出的“安全监理”是不一样的。安全监理是要单独收费的，同时安全监理的内容可以超出《条例》所规定的工作要求。而《条例》的要求是无条件的，当然监理企业在与建设单位签订监理合同时应该考虑执行条例所需要的成本。2005年10月8日，江苏省物价局和江苏省建设厅联合下发的《省物价局省建设厅关于印发〈江苏省建设工程监理服务收费管理暂行办法〉的通知》（苏价服[2005]317号）明确规定：工程监理企业因依法履行建设工程监理安全责任等增加的费用，可在用插入法取得国家92标准费率的基础上，增加15%～30%。

3．审查施工组织设计的目的是进行目标控制的预控，而不是介入全面的生产管理

监理单位的人员为了能够把验收环节做得充分或促使施工单位科学地组织施工，能够保证进度，避免不必要的返工或乱抢工期，经常进行一些预控工作。如进行审查施工企业的施工组织设计或施工方案，但审查施工组织设计或施工方案并不是监理人员的真正目标，而只是一种手段，这是一种很积极的做法，后来在监理规范的编制工作中吸收了这一好的做法，有利于我们解决工程建设中质量水平不高的状况。《条例》的颁发，明确规定了监理单位为了有效地预防安全事故，必须审查施工组织设计及专项施工方案。

施工组织设计的内容很多，包括施工组织、机械与设备的安排、材料供应、现场布置与临时设施、施工用水用电、施工技术与工艺、质量管理、进度计划、安全文明施工，甚至包括成本管理。施工企业审查施工组织设计是要审查有关施工生产的全面内容，是综合性的，重点从施工企业的发展战略等方面出发，重点在于如何全面地履行承包合同、减少成本、提

高效益。而监理人员对施工组织设计的审查是部分的，重点是其编制的施工组织设计或施工方案能否达到项目建成的最终目标及是否做到了安全可靠，项目监理机构所关心的生产环节只能是其中的一些主要环节。监理机构同意了施工组织设计只能被认为是监理机构所关心的部分内容达到了应有的要求，而不能认为监理机构承认了施工单位所编制的全部内容。

当前，《条例》要求监理机构对施工组织设计和有关方案进行安全审查也是出于对安全事故进行预防的考虑，监理人员审查专项施工方案也只能是危险性较大的施工方案。但是究竟哪些是危险性较大？哪些是危险性较小？尽管建设部（建质[2004]213号文件）做了一个规定，我们还是很难用一刀切的方法来界定，要视项目具体的安全情况来确定。项目监理机构必须要对建设部（建质[2004]213号文件）所规定的专项施工方案进行审查，但也会有些施工方案对于在一般项目来说不会发生安全事故，但是对于环境恶劣、施工企业技术力量较差、操作工作的安全意识较差时可能就会发生安全事故。

4．监理人员的安全管理工作是消除安全事故原因的外部力量

建设工程的安全事故与建设工程施工生产密切相关，前文所述的所有直接原因均是涉及施工生产的人和物。为了真正能够预防建设工程安全事故，必须消除施工生产过程中的人的不安全行为和物的不安全状态。

然而监理人员是非生产单位中的人员，除了违章指挥外，监理人员的行为谈不上是不安全行为，监理人员的管理活动也属外部管理，是安全管理工作中的外部原因，外部原因必须通过施工单位这一内因方能发挥作用。监理人员的安全管理工作必须得到施工管理人员的接受才能成为有效的措施。

5．监理人员的安全管理是一种间接和补充的监督管理

从前文的理论分析可以认为，在建设工程安全生产工作中，施工单位有责任、有义务、有能力采取预防事故措施，同时它也是惟一能够直接地消除物的不安全状态与人的不安全行为的单位。也就是说只要施工单位能够严格执行国家的安全生产法律法规，积极地采取预防措施，完全能够预防绝大多数的事故。

但是由于安全生产事故的危害性，安全生产的管理需要一种多层次和全方位的管理，比如道路上的基坑开挖后不仅需要防护栏及警告牌，还需要设立照明及夜间红灯警示。尽管施工单位能够做到预防事故，仍然需要监理单位及其他单位参与管理，还需要政府有关部门的监督管理，甚至还需要社会舆论和群众的监督。

因此，尽管安全管理是建设工程委托监理合同之外的工作内容，但是《条例》仍然规定了监理人员应承担一定的监理安全责任，这就是安全管理的特殊性所需要的，体现了我国安全生产管理体制“群防群治”的思路。尽管有施工单位、设备供应与租赁单位进行直接地、全面地安全管理，有其他单位或人员能够介入管理或预防安全事故也是必要的。

应当强调的是：监理人员是业主委托的监督管理人员，而不是生产管理人员，当监理人员在审查方案或现场检查发现隐患时，只能够向施工单位的项目经理部发出监理指令或通知要求施工单位进行处理，也就是说监理人员只能通过施工单位才能做到消除隐患，预防安全事故，而不能直接做到消除隐患。正因为监理人员的安全管理是间接的和补充的监督管理，只要监理工作符合有关规范与法规的要求，发生安全事故时是不能追究监理单位或监理人员责任的。

6. 监理人员要针对承包商的不安全行为和物的不安全状态承担属于自身管理工作方面的有限责任

监理人员的安全责任不是仅对自己的行为负责，还要对针对承包商的不安全行为和物的不安全状态开展管理工作，这些管理工作包括对承包单位所制定的方案进行审查，努力去发现安全隐患。

要使一个机构对另一个利益集团的不安全行为和物的不安全状态承担完全责任，是极其困难的，也是不符合法理的。除非他具有绝对的不受任何违抗地控制另一个利益集团的权力和能力。但是，承包单位的利益与业主、监理单位的利益在一定程度是相互冲突的，因此这就决定了施工单位的组织管理系统只能有限地接受监理单位的管理。监理人员只有有限的方案审查权、工序验收权等权力，监理人员不可能无限制地进行相应的管理工作。因此，监理人员只能够承担在监理工作职责与权限范围内的相应管理工作不到位的有限责任。

为了界定监理人员的相应的安全责任，应该首先正确地界定监理人员在工程施工中安全管理方面的职责，然后针对监理人员不能充分履行其职责，再可以确定其相应的监理安全责任。

第五章　项目监理机构依法履行监理安全责任的工作原则和程序

一、落实监理安全责任的行为主体

为了执行《条例》，落实监理安全责任，项目监理机构中谁来承担相应的工作呢？我们认为监理工作是一个整体，不可将安全工作与其他监理工作隔离开来，比如在审查施工方案或专项施工技术措施中的技术可行性、可靠性等方面的同时，对其安全验算进行审查，在进行质量检查、旁站或巡视时，均可进行安全方面的查看，以发现可能存在的安全隐患，并进行处理。

安全工作贯穿于施工过程中的每一个方面和环节，当然监理工作的每一个方面均可能涉及安全问题。落实监理安全责任的行为主体只能是所有在岗的现场监理人员。他们的工作责任包括：审查施工方面与专项施工技术措施中的安全内容；在施工现场开展日常监理工作的同时，注重发现安全隐患；严格执行国家的强制性标准，避免安全事故的发生。因此每一个监理人员都应该学习安全管理和安全技术方面的知识，积累安全管理方面的经验。

对于规模较大的工程项目，也可视情况设立一名专职的安全岗位，以统一组织安全方面的有关工作，更好地落实有关监理安全责任。

二、落实监理安全责任的工作原则

1. 安全第一、预防为主

安全工作是项目效益的根本，虽然业主可能并不对施工过程感兴趣，但是一旦发生安全事故，造成人民生命和财产损失，不论责任在哪一方，轻则造成不良影响，重则延误工期甚至使项目失去使用价值。“安全第一”的含义是指安全生产是施工企业与管理部门的头等大事，当安全与生产发生矛盾时首先必须解决安全问题，然后才能在安全的环境下组织生产。“预防为主”的含义是指安全教育、检查整改工作要做到群众化、经常化、制度化、科学化，采取有效预防措施避免伤亡事故和职业危害。

在监理工作中，监理人员应提醒施工企业把“安全”始终放在“第一”的位置，同时在审查施工方案或有关专项技术措施时要突出“安全第一”的方针，不得以发生事故的概率小而去冒险。在巡视、检查、旁站时也应注意发现隐患、并要求施工单位及时采取有效措施消除隐患，来达到预防的目的。

2. 以人为本

人是社会进步的核心，人的生命是无上宝贵的。我国所有的劳动安全法规均是以保护劳动者免受伤害为第一要务，其次才是保护财产的安全。国际劳工组织所制定的劳工公约也是如此。因此，监理人员在开展监理工作的过程中，要以人这本，注重保护劳动者的人身安全与身心健康。

坚持“以人为本”的原则有三层含义：一是首先要尽最大努力保护所有施工操作人员的生命安全与身体不受伤害；二是要在安全生产中要特别发挥人的力量来提高安全度；三是要消除人的不安全行为。

3．在“质量、进度、成本”中落实安全

工程质量是监理工作永恒的主题，应该注意没有安全的项目根本没有质量可言，监理人员在进行方案审查、质量检查、工序验收等工作中，要首先注意安全状态然后才是质量水平。

进度是监理工作的控制目标之一，进度的快慢与项目效益直接相关。但是只有解决了安全问题之后，质量才有保障，不返工才有进度。同时应该注意安全费用应该纳入项目的成本之中。没有安全，更没有经济效益。

三、项目监理机构依法履行监理安全责任的总体工作程序

项目监理机构在开展监理工作时，一般应该按下列程序开展相应的工作

1．分析与评价项目所处的安全管理环境

进入施工现场之后，总监理工程师与全体监理人员应首先了解项目所处的自然环境、技术环境与管理环境。

自然环境包括气候情况、地质情况等。如东南沿海的某项目对当地的台风所造成的损害未能充分地全面了解，当台风来临时没有真正有效的预防措施，结果造成人员伤害与施工设备损坏。

技术环境指项目的技术要求（如高耸结构物、高压设备安装）和施工难度是否易引发安全隐患，施工企业的技术能力是否足以解决本工程的所有技术上的问题，等等。

管理环境是指施工企业的管理人员是否具备较强的安全管理意识，施工人员是否具有较强的安全生产意识，专职安全管理人员的数量与能力能否满足安全管理的需要，等等。

在了解上述情况之后，总监理工程师应该评价项目监理机构在本工程所处的安全环境，确定本工程项目的安全工作管理方略。

2．对有关的监理工作提出安全管理方面的要求

与安全有关的监理工作主要是执行有关强制性标准方面的方案审查工作和现场监理工作。总监理工程师要对上述两个方面的工作针对项目的具体情况提出具体的安全工作要求。比如审查在基坑施工方案时一定要检查基坑的稳定性、它对周围建筑物的影响；检查验收模板工程时一定要检查模板及支撑系统的强度、刚度和稳定性能；在旁站时除了检查施工质量外，还要注意检查人的不安全行为与物的不安全状态等等。

3．明确安全岗位的工作职责

在一般项目的监理机构中应该明确一名监理人员负责安全方面的日常工作。在技术较为复杂或规模较大的工程有必要设立一名专职的安全岗位监理人员，以统一管理有关安全方面的监理工作。一般情况下安全岗位的监理人员职责有：

(1)定期对项目的安全生产进行总体分析与评价，向项目总监提出有关安全方面的监理工作建议。

(2) 提出重大危险源监控建议，报总监理工程师确定，以便监理机构进行重点监控。

(3) 对监理人员进行安全生产教育。

(4) 定期进行安全生产方面的监理工作检查。

(5) 收集汇总安全生产有关的信息。

4. 开展安全生产有关的监理工作

《条例》规定了监理人员应该进行三个方面的工作：一是审查有关方案与专项安全技术措施；二是发现安全事故隐患要处理或向有关部门报告；三是执行国家、行业或地方的强制性标准。其中的第三条不仅仅是安全生产的需要，监理人员的所有行为都应遵守强制性标准。

为了工程项目有一个良好的安全生产环境，值得监理人员开展的与安全有关的监理工作有很多，应该明确的是安全工作需要诸多措施，我们鼓励监理人员"多管闲事"来尽可能增强安全意识或消除尽可能多的隐患，但是我们绝不可因为监理人员"多管闲事"还不够多，而此时又发生了安全事故，以此来反推，追究监理人员的责任。

除了《条例》规定的监理人员应该进行三项工作之外，其他的工作还可包括：检查施工企业的安全管理体系，检查施工企业的安全教育，检查落实安全技术交底工作，检查各项作业的安全技术措施是否到位等等。这些工作虽不能保证不出安全问题，但是可以对安全管理工作起到一定的促进工作。当然这些工作不是《条例》所要求的。

5. 定期总结安全状况、改进工作方法

为了使工程建设能够顺利进行，避免安全事故的发生，对工程项目的安全状况进行周期性的总结与评价是非常必要的。总监理工程师应定期组织有关人员进行现场检查与会议讨论，评价施工现场的安全管理形势，安全管理形势可包括：安全作业环境方面、作业人员的持证上岗与安全技能方面、安全教育与安全交底方面、安全检查方面、现场安全防护方面、安全隐患的消除方面等，并对施工单位的安全生产管理工作提出进一步的要求。

四、监理工作过程中要保存完整的安全资料

不论是质量还是安全工作，监理人员在工作过程中均要严格地保存全部相关资料，一方面是档案管理工作的需要，另一方面也是为了在安全生产事故发生后，便于做好维权和举证工作，防止监理无过错或只有轻微过错而被扩大追究安全责任。避免在监理工作中已经采取措施，但没有留下记录或记录不全面、不完整，而导致错误地被追究责任。

涉及安全工作的监理资料有：

1. 监理规划与监理细则中相应部分应具有安全方面的工作内容；

2. 审查施工组织设计及施工方案要严格按程序进行，并要记录过程；对一些涉及到重大危险性作业时，应书面要求施工单位编制专项施工方案；对无方案施工要给予坚决的制止，并有书面记录；

3. 监理人员在现场巡视或检查后要详细记录有关检查安全方面的监理行为，以证明监理人员确实在注重发现安全隐患，尤其是较大危险性的作业现场监理人员在加强巡视与现场检查，检查后应详细记录；

4. 工地例会中有关安全工作的内容要全部完整地记录；

5. 对所发现安全隐患的处理文件包括：监理通知、指令、暂停施工令和上报业主及建设安全行政主管部门的有关报告；

6. 监理月报中也应包括反映项目施工安全工作的内容。

一旦发生安全事故，监理人员要积极配合调查工作，拿出有关监理安全责任的资料。监理举证的内容一般应包括如下方面：

(1) 反映监理依据合法性的证据。证明监理机构是按国家法律法规、合同、设计文件、工程建设强制性标准进行监理的。

(2) 反映监理工作的程序、方法合法性、规范性的证据。证明监理的具体工作、具体作法是符合有关规定的。

(3) 反映监理进行工程协调和处理问题其后果合理性的证据。如监理过程中，没有错误指令；发现质量、安全问题，进行了合理的处置；监理的工作成效等。

(4) 针对所追究的事故责任，要提出有可信证据的事故原因分析报告。

第六章　项目监理机构对建设工程安全技术措施或专项施工方案的审查

在《条例》颁布以前，监理规范要求项目监理机构审查施工单位提交的施工组织设计及有关的专项施工方案，以检查方案或措施的可行性并保证施工质量。施工方案的可行性一般也包括主要的安全问题，如基坑的稳定性、吊装设备（如扒杆的稳定性验算），但是没有专门把所有的安全问题都提出来。《条例》颁布以后，监理人员在审查施工方案时要施工单位专门就各类安全问题进行验算并进行审核。

一、监理人员必须要对方案进行“程序性审查”

对方案进行“程序性审查”主要是审查方案的编制过程与审批是否符合有关规定的程序。

“程序性审查”的程序是：

第一，先强调施工单位要编制施工组织设计或专项施工方案、用电方案等，批准后才能实施；施工单位编制的方案要有编制人、审核人、批准人；当施工单位未编制时，监理人员应要求施工单位编制并按规定先进行内部审查，否则不同意施工。

第二，施工组织设计、重要的专项施工方案一定要有施工单位（法人）的技术负责人审核批准。

第三，深基坑、高大模板等高危险性的施工方案要由施工单位组织专家进行论证、审查。

第四，监理机构组织专业监理工程师进行审查，符合要求后签认，交由施工单位进行施工，并要求施工单位的专职安全员进行监督执行。

对方案只进行程序性审查是不够的。《条例》第十四条明确要求监理人员审查施工方案或施工组织设计中的安全技术措施是否符合工程建设强制性标准，也就是要进行“强制性标准符合性审查”。因此监理人员要对照相关的工程建设强制性标准对施工方案中涉及安全的核心内容进行审查。可以认定一个施工方案或施工组织设计中的安全技术措施符合了工程建设强制性标准，其安全性可以得到保证，否则只能是强制性标准出了问题。

应该指出，工程建设强制性标准包括工程建设最关键的安全要求和最基本的质量要求。它涉及国家标准、行业标准及地方标准。内容包括房屋建设、城市建设、铁路公路等若干个行业。监理人员要不断学习和领会有关工程建设强制性标准的具体要求，并严格执行。

如《建筑边坡工程技术规范》（GB 50330—2002）第3.3.6条是一条强制性条文，它规定：

边坡支护结构设计时应进行下列计算和验算：

1．支护结构的强度计算：立柱、面板、挡墙及其基础的抗压、抗弯、抗剪及局部抗压承载力以及锚杆杆体的抗拉承载力等均应满足现行的相应标准要求；

2．锚杆杆体的抗拔承载力和立柱与挡墙基础的地基承载力计算；

3．支护结构整体或局部稳定性验算。

当施工单位所编制的施工方案涉及边坡内容时，监理单位应审查其施工方案是否符合这一条的规定。

二、审查方案的范围

《条例》规定，施工单位应当在施工组织设计中编制安全技术措施和施工现场临时用电方案，并附具安全验算结果，经施工单位技术负责人、总监理工程师签字后实施，由专职安全生产管理人员进行现场监督。建设部根据《条例》发布了《危险性较大工程安全专项施工方案编制及专家审查办法》（建质[2004]213号），规定下列范围与规模工程应编制安全专项施工方案：

（一）基坑支护与降水工程

基坑支护工程是指开挖深度超过5m（含5m）的基坑（槽）并采用支护结构施工的工程；或基坑虽未超过5m，但地质条件和周围环境复杂、地下水位在坑底以上等工程。

（二）土方开挖工程

土方开挖工程是指开挖深度超过5m（含5m）的基坑、槽的土方开挖。

（三）模板工程

各类工具式模板工程，包括滑模、爬模、大模板等；水平混凝土构件模板支撑系统及特殊结构模板工程。

（四）起重吊装工程

（五）脚手架工程

1．高度超过24m的落地式钢管脚手架；

2．附着式升降脚手架，包括整体提升与分片式提升；

3．悬挑式脚手架；

4．门型脚手架；

5．挂脚手架；

6．吊篮脚手架；

7．卸料平台。

（六）拆除、爆破工程

采用人工、机械拆除或爆破拆除的工程。

（七）其他危险性较大的工程

1．建筑幕墙的安装施工；

2．预应力结构张拉施工；

3．隧道工程施工；

4．桥梁工程施工（含架桥）；

5．特种设备施工；

6．网架和索膜结构施工；

7. 6m 以上的边坡施工；

8. 大江、大河的导流、截流施工；

9. 港口工程、航道工程；

10. 采用新技术、新工艺、新材料，可能影响建设工程质量安全，已经行政许可，尚无技术标准的施工。

上述工程范围是针对技术水平与安全管理水平一般的施工企业而言的。

然而，对于一些技术力量不足或安全管理水平不高的施工企业或项目经理部、或经验不足、或项目的安全环境较差时，除了上述范围以外，可以适当扩大审查的范围。也就是经过监理机构的安全分析，认为有可能引起安全事故的分部分项工程，监理机构也应要求施工企业的项目经理部编制安全专项施工方案，报其公司技术负责人审查后再报项目监理机构审查签字，而不可以刻板地拘泥于该文件所规定的范围。

三、审查的程序

1. 施工企业项目经理部专业工程技术人员编制安全专项施工方案。

2. 由施工企业技术部门的专业技术人员进行初审。

3. 审核合格，由施工企业技术负责人再进行审查，通过安全审查合格，签字盖章后报监理单位的项目监理机构进行审查。

4. 当施工企业的经验不足时，或所列工程中涉及深基坑、地下暗挖工程、高大模板工程的专项施工方案，或技术难度很大的工程，施工企业应该组织专家进行论证与审查。组织专家进行审查时应邀请项目监理机构列席审查会议。当专家认为通过其方案能够保证其安全时，由专家签字及施工企业技术负责人签字后报监理机构进行审查。

5. 监理机构接到经过施工企业技术负责人签字认可的安全专项施工方案后，应组织相关专业监理工程师进行审查，必要时应向施工企业技术负责人求证相关技术数据。当项目监理机构总监理工程师认为可以保证安全时，签字同意施工，交施工企业专职安全人员监督现场施工。

6. 当总监理工程师组织专业监理工程师审查无法确认其方案是否符合工程建设强制性标准时，可向监理单位的技术负责人或安全负责人报告，由监理企业组织企业内的有关专家进行审查。仍然不能确认其方案是否符合工程建设强制性标准时，应由总监理工程师向业主报告，由施工单位或业主组织有关专家进行审查，当参加审查的专家认可方案能够符合工程建设强制性标准，能够保证安全施工时，由总监理工程师根据专家的签字认可的审查意见签字同意施工，交施工企业专职安全人员监督现场施工。如专家中有不同意见时应由施工企业修改施工方案直至通过。

四、审查方案的形式

监理机构审查技术方案的形式有三种：一是单独审查，包括专业监理工程师、主管安全的监理工程师及总监理工程师在内的所有审查人员对方案的安全性均无异议时采用；二是分散审阅集中讨论，监理机构内部对方案的安全性有不同意见时采用；三是组织监理机构外的专家进行审查，主要针对一些易发生事故的工程，如高大模板工程时采用等。

建设部（建质[2004]213号文）规定了施工企业应当组织专家组进行论证审查的工程有：

（一）深基坑工程

开挖深度超过5m（含5m）或地下室三层以上（含三层），或深度虽未超过5m（含5m），但地质条件和周围环境及地下管线极其复杂的工程。

（二）地下暗挖工程

地下暗挖及遇有溶洞、暗河、瓦斯、岩爆、涌泥、断层等地质复杂的隧道工程。

（三）高大模板工程

水平混凝土构件模板支撑系统高度超过8m，或跨度超过18m，施工总荷载大于10kN/m^2，或集中线荷载大于15kN/m的模板支撑系统。

（四）30m及以上高空作业的工程

（五）大江、大河中深水作业的工程

（六）城市房屋拆除爆破和其他土石方爆破工程

监理机构有权参加施工企业或其他有关方面组织的专家审查会，如施工企业拒绝让监理人员参加，监理机构也可以拒签。

建设部还要求组织专家论证审查时应注意以下三个方面：

(1) 建筑施工企业应当组织不少于5人的专家组，对已编制的安全专项施工方案进行论证审查。

(2) 安全专项施工方案专家组必须提出书面论证审查报告，施工企业应根据论证审查报告进行完善，施工企业技术负责人、总监理工程师签字后，方可实施。

(3) 专家组书面论证审查报告应作为安全专项施工方案的附件，在实施过程中，施工企业应严格按照安全专项方案组织施工。

值得提出的是，除了上述建设部规定的六类工程外，如果施工企业技术力量不足或经验不足，其技术负责人难以确定其方案的安全性时，或者企业内部针对方案的安全性有较大分歧时，施工单位也应组织专家审查其方案的安全性，监理人员出席会议。

五、审查方案的内容

施工企业编制与审查安全专项施工方案的核心内容是确保安全及便于组织施工，尤其是要把安全放在第一位，同时施工企业还是方案的实施者，因此，它要对方案的可靠性、安全性、经济性和工期等负全部责任。

而《条例》规定，工程监理单位审查施工组织设计中的安全技术措施或者专项施工方案的标准是该方案是否符合工程建设强制性标准。它是一种通过强制性标准的符合性审查来审查方案的可靠性与安全性，就如政府审图机构审查施工图一样。

因此，相对于施工企业来说，《条例》对监理单位审查安全专项方案时的要求要低一些，但是保证满足强制性标准并不能绝对保证方案的安全性。我们建议监理机构要对方案的安全性进行关注，当发现尽管符合工程建设强制性标准但方案的安全性仍难以保证时，应要求施工企业修改,当项目监理机构内部有不同意见时应交由监理企业技术负责人组织企业内部专家进行审查。因为安全需要全方位地管理，这并不表示：由于监理机构没有发现其中的问题，事后又证明方案虽满足强制性标准但仍然存在安全缺陷时，监理机构要承担责任。

第七章　项目监理机构对于安全事故隐患的发现及处理

事故的发生总有一定的隐患存在，由于工程项目流动性大、施工环境较差、手工作业多等因素，容易出现施工安全事故隐患。

《条例》规定："工程监理单位在实施监理过程中，发现存在安全事故隐患的，应当要求施工单位整改；情况严重的，应当要求施工单位暂时停止施工，并及时报告建设单位。施工单位拒不整改或者不停止施工的，工程监理单位应当及时向有关主管部门报告。"

大家在贯彻《条例》时产生这样的疑问，一是什么是安全事故隐患？二是是否所有的隐患监理人员都应该发现？三是监理人员没有发现隐患，监理人员是否要承担责任？

一般意义上讲，可能引起施工安全事故的因素都可称之为事故隐患。人、机、环境三者安全品质匹配上的缺陷，称为事故直接隐患——包括人的不安全行为和物的不安全状态；安全管理机制与生产经营机制匹配上的缺陷，称为事故间接隐患。《条例》中的隐患是指直接隐患，因此监理人员要注重发现事故的直接隐患。

我们认为，根据监理工作的规律，监理人员在正常的工作场所及正常的工作内容中应该注意检查是否存在安全事故隐患，而监理人员几乎不去的地方所存在的安全隐患、或者不该管的工作，应该由施工企业专职安全管理人员去解决。因此要区分哪些是监理人员正常的工作场所和监理人员正常的工作内容，并视监理人员在这些场所工作的特点对监理人员检查发现安全事故隐患提出具体的要求。

前文已经说到，有98%的事故是可以预防的，而且是生产企业采取切实措施才可以做到这一点，而监理人员发现事故隐患后，要求施工企业采取措施能够进行预防的也只是98%中的一部分。应再次强调：监理人员应该按照监理法律法规、监理规范及监理合同等文件的要求开展正常的监理工作，并在开展正常的监理工作的同时注意检查是否存在安全事故隐患。

事故直接隐患的辨识方法有以下3种：

(1) 从已发生过事故的生产部位及工艺环节中分析，人、机、环境安全品质匹配上的缺陷。

(2) 从险兆事件发生的部位及工艺环节中分析，人、机、环境安全品质匹配上的缺陷。

(3) 模拟生产系统安全品质恶化的过程，分析人、机、环境安全品质匹配上的缺陷。

具体辨识人的不安全行为和物的不安全状态时，需要按不同生产性质中人、机、环境系统运行的特点，事先明确每项具体隐患的定义，便于我们发现它并进行处理。

一、监理人员要在正常的工作场所和正常的工作内容注重发现事故隐患

(一) 监理人员要在正常的工作场所注重发现事故隐患

监理人员的大部分监理工作是在施工现场进行的。监理人员在施工现场的工作包括巡视、旁站、检查与验收、试验检测等。

施工现场范围较大，有些地方是监理人员常去的，如：永久工程的施工现场，而有些地方监理人员是不常去的，如：加工厂等后台加工场地，甚至有些地方监理人员是不去的，如：施工企业的仓库、临时用具或设施的加工制作场地、临时建筑物的施工场地，包括施工生活区。

第一，在永久工程的比较重要的施工现场和吊装作业现场，监理人员要努力检查是否存在安全隐患。

监理人员进行旁站、质量验收、现场试验时都在这样一个场所，这是监理人员熟悉的现场。该场所包括：需要监理人员进行工序验收、分项工程和分部工程验收的土建工程、安装工程的现场，一些重要的施工过程及试验现场。在这些部位，只有施工单位进行施工，即使没有验收工作、旁站或试验工作，监理人员也应每天巡视到位，检查是否存在安全隐患。

吊装作业现场易引发安全事故，监理人员要特别关注，并检查是否存在安全隐患。当然这里有一个前提，施工单位应事先通知监理人员。

第二，在没有验收要求的永久工程的施工现场，如：外脚手架的搭设、粉刷作业现场，监理人员要经常巡视到位，我们建议每三到四天应巡视一遍，检查是否存在安全隐患。

第三，在施工作业现场内永久工程之外的加工场地，如：模板制作现场、钢筋加工现场等，监理人员应在七天左右巡视一遍，并检查是否存在安全隐患、并记录所巡视检查的安全情况。但是如果在永久工程之外的加工场地加工制作预制混凝土桩等，由于这些预制工作涉及分项工程或隐蔽工程的验收，应每天巡视到位，并检查是否存在安全隐患，将所巡视检查的安全情况记录在案。

第四，在作业区以内的一些重要的易引发安全隐患的临时设施施工现场，如临时用电设施、仓库等，我们建议由负责安全工作的监理人员一个月之内应巡视到位一遍，检查是否存在安全隐患并记录在案。

第五，监理人员应要求施工现场的生活区与作业区分离，生活区的安全工作应完全由施工企业负责，监理机构可以不去巡视检查。当然监理机构也可以进行每月一次安全隐患检查，并记录有关安全状况，当发现隐患时应按规定要求施工单位整改。

（二）监理人员要在正常的工作内容中注重发现事故隐患

监理单位在实施监理过程中并非事无巨细均要管理，有些工作内容监理人员是必须要管的，而有些工作内容主要是由施工单位自行管理的。在实施监理的过程中，监理人员要重点在以下几个方面注意检查和发现安全事故隐患：

1. 施工单位违反强制性规范、标准施工；

2. 施工单位未按设计图纸进行施工；

3. 对照有关文件要求及工程特点，施工单位无方案施工或未按施工组织设计、专项施工方案的要点进行施工；

4. 施工单位未按施工规程施工或违章作业；

5. 根据经验，施工现场出现安全事故先兆，如基坑漏水量加大、边坡塌方，脚手架晃动，配电箱漏电，龙门架、支撑架、脚手架等变形过大，吊装过程中出现异常响声等等；

6. 根据监理经验，施工现场出现不该发生的施工操作、或状况、或现象隐患；如发现脚手架拉结点被工人擅自拆除了一部分，支撑架支撑在软弱的地基上，塔吊未经安检投入使用，基坑边堆载超过规定的高度等。

监理人员在正常的工作内容和在正常的工作场所能够注重发现事故隐患，还要将这些过程记录下来，以证明监理机构确实在按照《条例》的要求履行相关职责。为了形成一个制度，各项目监理机构可以将此工作进行单独记录，而不与监理日记混在一起进行记录。

二、事故隐患治理原则与处理方法

（一）事故隐患治理原则

1. 冗余安全度原则　例如：道路上有一个坑，既要设防护栏及警示牌，又要设照明及夜间警示红灯。

2. 单项隐患综合治理原则　人的隐患，既要治人也要治机具及生产环境。一件单项隐患问题的整改需综合（多角度）治理。例如某工地发生触电事故，一方面要进行人的安全用电操作教育，同时现场也要设置漏电开关，对配电箱、用电电路进行防护改造，还要严禁非专业电工乱接乱拉电线。

3. 事故直接隐患与间接隐患并治原则　对人、机、环境系统进行安全治理，同时还需治理安全管理措施。

4. 预防与减灾并重治理原则　治理事故隐患时，需尽可能减少肇发事故的可能性，如果不能完全控制事故的发生，也要设法将事故等级减低。但是不论预防措施如何完善，都不能保证事故绝对不会发生，还必须对事故减灾做充分准备，研究应急技术操作规范。如应急时切断供料及切断能源的操作方法；应急时降压、降温、降速以及停止运行的方法；应及时排放毒物的方法；应及时疏散及抢救方法；应及时请求救援的方法等。还应定期组织训练和演习，使该生产环境中每名干部及工人都真正掌握这些减灾技术。

5. 重点治理原则　按对隐患的分析评价结果实行危险点分级治理，也可以用安全检查表打分对隐患危险程度分级。

6. 动态治理原则　动态治理就是对生产过程进行动态随机安全化治理，生产过程中发现问题及时治理，既可以及时消除隐患，又可以避免小的隐患发展成大的隐患。

（二）监理人员对发现事故隐患的处理方法

根据《条例》规定，监理人员在监理工作中发现安全隐患，有三种处理方法：

1. 发现一般的隐患应要求施工单位整改。

监理人员发现安全隐患后，应以书面形式向施工单位提出对安全隐患的治理要求，应标本兼治，治标要急，治本要彻底。监理人员应按照上述事故隐患的治理原则对所发现的安全事故隐患进行综合治理。治理的方法视隐患的特征而定，一般应包括消除危险源、隔离不利的环境因素、加强防护措施、进行安全教育与安全交底和记录有关过程以引起今后的警戒和重视。

2. 安全隐患紧急或情况严重，应书面要求施工单位暂时停工。

安全隐患情况紧急或情况严重，其特征是随时有可能发生安全事故，此时有必要停工以隔离作业人员，并消除安全隐患。根据《条例》要求，监理人员应向总监理工程师汇报，由总监理工程师发出书面的停工指令。如果安全隐患的影响范围是局部的，总监理工程师的停工指令应要求局部停工，如果安全隐患的影响范围是全局性的，停工指令应要求全面停工。总监理工程师发出停工指令后应及时向建设单位报告有关情况。

3. 如果施工单位拒绝整改或停工，监理机构应该向行政部门报告。

施工企业常年从事施工作业，当安全意识较差时可能对安全隐患视而不见，甚至对监理人员提出的整改要求不以为然，这在目前的监理工作中较为常见。

监理人员发出安全隐患治理要求以后，如果施工单位整改不力或拒绝整改，则表明施工单位的安全意识较差或安全管理机制出现了问题，此时的安全事故隐患仍然存在，随时有发生事故的危险，监理机构应该采取进一步措施。

当情况不紧急时可再次通过某种形式要求施工单位整改以消除安全隐患，也可以签发停工指令要求施工单位暂时停工以消除安全隐患，也可以直接通过建设单位或监理企业向安全行政管理部门书面报告。

当情况紧急，施工单位又拒绝整改或停工，随时可能发生安全事故时，监理机构应直接向建设行政管理部门或安全行政管理部门电话报告，请求行政管理部门出面干预，以达到消除事故的目的，事后再通过书面形式报告。

第八章 建筑工程中安全方面的监理工作案例

一、工程概况

南京市某工程，共由A、B、C区三大块组成，A区为景观与市民广场，其标志性建筑为两个形似船帆的钢结构塔，B区为七幢25层左右的小高层建筑和五幢三层到五层裙楼组成，整个B区为一个整的面积有6万多m^2的一层地下车库，B区总建筑面积为25万m^2，C区由九幢高层住宅楼和一幢幼儿园组成。地下室也是一个整的面积为近3万m^2的车库，C区总建筑面积为11万多m^2。

工程地处长江漫滩地区，地基土质较差，南北为窄长形，由南至北三分之一区域为软土区，三分之二区域为砂土区，地下水储量丰富且渗透系数较大，为地下室的降水与土方开挖带来较大的工作难度。基础采用静压式PHC-550预应力管桩，单桩承载力设计值为2000kN。基坑围护结构采用深层搅拌桩SWM工法插H型钢加预应力锚杆、深层搅拌桩加放坡和深层搅拌桩加复合式土钉墙结构。地下室底板和顶板钢筋采用HRB400，接头采用直螺纹，竖向钢筋连接采用电渣压力焊。地下室混凝土设计强度等级为C40，留设后浇带。

A、B、C三大块共有三家总承包单位，三家施工单位均为具有房建工程总承包一级资质的外地施工企业。

图8-1 某建筑工程施工现场

项目开发商为成立时间不长的二级房地产开发企业。工期为 3 年时间。

二、工程的安全评估

该工程是一项房地产开发企业所建设的较大规模的商业楼盘，但该建设单位开发经验不足，资金不充裕，有一定形式的垫资工程行为，有可能过于追求速度或压低工程造价。

该工程 A 区与 C 区首先开工，B 区滞后约 10 个月开工。

A 区是一个小规模的钢结构项目，合同金额只数百万元，但高度较高，达到 32m。该总承包单位并不具备钢结构的施工与管理能力。安全状况令人担心，尤其是钢结构的吊装施工及高空作业。

C区工程的承包单位是近年来很快发展起来的外地一级承包企业，营业规模虽然较大但内部管理并不严格。初步了解，该单位新成立了江苏分公司，其管理并不十分规范，项目经

图 8–2　某钢结构安装现场

理不到位，项目技术人员、管理人员更换频繁，制度流于形式的现象存在，与此同时该项目部的操作工人全部来自劳务市场，安全操作技能很低。由此得出：该单位工人安全意识不足，安全管理水平低下。

从工程本身的技术难度来说，地下室深度虽然不大，有7m左右，但是地下室开挖主要处于半流塑状态的淤泥质粉质黏土，流动性较大，对基坑支护的要求很高，基坑安全不容轻视。

该工程高度较高，对外脚手架要求、施工电梯的安全操作较高，底部的裙楼层高很高，最高达到6m，最大柱距也长达14m，最大梁高达到1.6m，对模板支撑体系的要求很高。

此外，该工程场地窄小，作业场地紧张，基本的作业防护很难达到规范要求。

鉴于该工程的安全状况，作为总监理工程师对此十分重视，但是业主与监理单位所签订的监理合同中未包括安全方面的管理工作，监理费率也只有92标准的80%，在这样的情况下必须全体监理人员均要重视安全方面的管理工作。

三、安全方面的监理工作举措

1. 总监理工程师亲自布置与检查安全方面的有关工作

通过安全方面的评估，本工程的安全形势不容乐观，稍有懈怠，可能会发生安全事故。因此总监本人对安全施工始终有一个紧绷的预防安全的心理。定期进行安全方面的工作布置，并经常对监理组的安全工作进行检查。

2. 定期组织学习，要求每个监理人员常抓安全工作

监理组通常每半月进行一次安全学习，学习的专题有安全知识、各种安全规范的要求、国家的安全法规、安全事故的警示。通过学习，每个监理人员均能够做到时时存有安全意识，处处留心安全隐患。

3. 内部检查安全漏洞，分析安全形势

项目监理机构通常每月召开一次安全形势的评估分析会议，重点进行安全形势分析，对施工人员的情况进行分析、对已施工的过程进行分析、对将要施工的重要的施工环节进行预测分析，查找安全漏洞，检查上一阶段的安全方面的监理工作，提出下一阶段的安全工作方面的监理工作要求。

4. 重点审查安全方案，在巡视中加以检查落实

项目监理机构从安全角度重点审查了A区、B区及C区三个标段的施工组织设计。审查A区、B区的桩基施工方案、支护施工方案、土方开挖方案、地下室施工方案、主体施工方案、各设备的安装方案、装饰施工方案、安全施工组织设计、临时用电方案、脚手架施工方案、多种模板支撑体系设计施工方案等若干个施工组织设计及专项施工方案。这些方案审查通过以后，组织监理人员进行学习，掌握其关键的技术指标及有关参数，以便监理人员在巡视时能够检查和落实。

5. 在巡视检查中注重检查是否存在安全隐患

项目监理机构的每一个成员在巡视检查时均要环视周边的安全情况，在监理工作初期未进行专门的安全隐患巡视记录，后来总监认为不进行专项的安全记录，监理人员在巡视中容

易忽视安全情况，因此在后期实行了专门的安全巡视记录，专门记录安全隐患的发现及处理情况。

四、项目监理机构的安全管理工作分工

以安全生产作为标准化管理重点，严格执行《中华人民共和国建筑法》和《中华人民共和国安全生产法》及有关各项措施，依据《条例》和已经批准的《监理规划》、施工组织设计和监理实施细则，监督施工单位对安全纪律和《建筑施工高处作业安全技术措施》、《建筑机械使用安全技术规范》、《施工现场临时用电安全技术规范》、《建筑施工普通脚手架安全技术规定》、《施工现场防火规定》、《施工现场机械设备安全管理规定》、《施工现场电气安全管理规定》等文件的执行力度。

项目监理机构人员共13名，包括总监1名，总监代表1名，土建专业监理工程师2名，专职于安全方面的监理工程师1名，安装专业监理工程师2名，测量工程师1名，监理员、见证员、资料员共5名。

（一）总监理工程师及代表的有关职责

总监理工程师是整个监理组的落实监理安全责任的首位责任人，其职责有：

1. 组织安全工作形势评估，制定有关安全工作的监理措施；

2. 定期组织阶段性的安全形势分析，确定应监控的重大危险源；

3. 最终审查有关施工组织设计及专项施工方案的安全性要求；

4. 重大安全隐患的处理与报告；

5. 参与对工程安全事故的分析和处理。

（二）安全工作的专职监理工程师职责

1. 负责落实监理安全责任的日常工作；

2. 负责牵头组织有关安全方面的施工组织设计及专项施工方案；

3. 进行安全巡视检查工作；

4. 提出项目监理机构落实监理安全责任的工作建议与要求，尤其要提出重大危险源监控建议；

5. 负责一般性安全隐患的处理；

6. 定期向项目监理机构汇报有关本工程的安全情况；

7. 负责组织项目监理机构的安全知识学习；

8. 负责有关落实监理安全责任的资料记录与整理工作。

（三）其他专业监理工程师和监理员的职责

1. 专业监理工程师在审核分部分项施工方案时，对技术方案本身的安全可靠性进行审查，并在审查涉及安全技术方面的内容时与安全工作的监理工程师共同审查；

2. 专业监理工程师和监理员在现场巡视时，应运用其所掌握的安全技术知识，注重检查是否存在安全隐患，当发现存在安全隐患时，应进行记录，并及时通报负责安全工作的监理工程师处理。

五、项目监理机构安全类相关表格和资料工作

1. 在工程开工前，由负责安全工作的监理工程师编制《现场落实监理安全责任实施细则》，明确现场各施工阶段的安全控制要点，并报总监理工程师审核批准；

2. 负责安全工作的监理工程师每日负责填写安全类专项监理日记，其他监理人员协助；

3. 监理月报中增加本月安全工作报告，向建设单位反映本月工程安全状况，并提出安全建议；

4. 负责安全工作的监理工程师在现场安全检查时，发现存在的安全隐患，以《监理工程师通知单（安全文明类)》的形式，要求施工单位定期整改完成后回复；

5. 发现重大安全隐患或发现施工单位对要求整改的安全隐患迟迟不解决，负责安全工作的监理工程师应建议总监理工程师发《工程暂停令》，进行停工整顿；

6. 负责安全工作的监理工程师对重大安全隐患，可进行影像记录，并作为监理月报和《监理工程师通知单》的附件使用。

六、落实监理安全责任的工作制度

1. 方案审查制度。在所有施工组织设计和专项施工方案中必须审查其安全方面的内容。

2. 巡视检查制度。所有监理人员在巡视现场时均要注重发现安全隐患，发现隐患时要进行记录与汇报。负责安全工作的监理工程师每天巡视主要的施工现场一次，并记录有关安全状况、处理有关安全隐患。

3. 安全隐患处理制度。安全隐患按危害程度分为重大隐患和一般隐患，按可能发生的概率预计，分为很可能发生事故、可能会发生事故、暂时不会立即发生事故三种情况加以区别处理。重大隐患且为很可能发生事故要立即处理并要求施工单位在2～4小时内消除，否则签发隐患影响区域内的停工指令，重大隐患且可能会发生事故应要求施工单位在4～8小时内消除隐患，否则签发隐患影响区域内的停工指令等。上述两种情况如果得不到有效控制，立即通过业主向有关主管部门报告。

4. 安全检查制度。每月进行一次安全检查，书面指出施工现场所存在的安全隐患。书面要求施工单位整改。

七、项目监理机构在分部分项安全工程中具体问题的处理过程

1. 审查施工组织设计的情况

工程承包合同签订后，承包单位编制了施工组织设计和安全技术措施，报监理组进行审核。监理工程师在第一次审核时发现，在《施工组织设计》及《安全生产施工组织设计》中，针对性措施不多，均为泛泛而谈，没有针对本工程项目的实际情况进行分析并采取措施，要求施工单位重新进行针对性检查与分析，而后再采取相应的安全措施。监理人员在第二次审查时，发现施工单位的安全负责人由技术负责人兼任，专职安全员数量不足且没有落实到具

体的人员姓名，且未经公司技术负责人审核签字，只盖了项目部印章，未加盖公司印章等问题，不符合《条例》中第四章第二十三条"配备专职安全管理人员"和第四章第二十六条"经施工单位技术负责人签字后实施"的规定。监理工程师在签署意见后将《施工组织设计》和《安全生产施工组织设计》退回施工单位，要求重新报审。

施工单位将《安全生产施工组织设计》再次完善后，重新报项目监理机构审核。负责安全工作的监理工程师在重新核对专职安全员的资格证书原件后，签字同意按本施工组织设计实施，报总监审核同意后签字盖章，要求在施工过程中严格执行本施工组织设计，并将施工组织设计存档。

2. 桩基础施工过程中的安全隐患处理

2004年6月，工程开始进行基础工程施工，本工程采用PHC-550预应力管桩，施工机械为武汉产液压式静力压桩机。由于施工需要，桩机在施工区域内需要不断行走，连接线缆长度有限，要完成整个施工区域的桩基础施工，必须根据需要连接于不同位置的配电箱。同时，因静力压桩机的功率很大，超出《施工现场临时用电安全技术规范》规定的50kW的限值，故要求施工单位编制临时用电的施工设计方案及施工方案，对电源线路架设做出专项施工设计。同时负责安全工作的监理工程师对现场的配电箱的保护接地和桩机电缆安全状况进行检查，发现部分配电箱未作接地，且配电箱门未加锁，要求施工单位电工进行整改，当日施工单位即完成整改。

在施工前，负责安全工作的监理工程师对桩基础施工人员中吊装人员和焊工的资质证书进行了审查，审查合格后允许进行施工。同时，负责安全工作的监理工程师发监理工程师通知单，要求起重机操作人员在每日施工前应检查机械设备的安全性能，尤其是钢缆和制动设备。

本工程存在一层地下室，桩基础桩顶标高为−6.7m，与自然地坪存在6m左右的高差，故在桩基施工后施工现场存在大量送桩所遗留的桩孔，且深度较大，对现场施工人员安全造成威胁，可能存在坠落伤害。监理组吸取有关的事故教训，发监理工程师通知单，要求桩基施工单位及时回填桩孔，并建议专门安排一台挖土机配合进行回填，每施工完一个承台，等桩机移开后挖土机即进行回填工作；如夜间施工无法及时回填土孔，由施工单位用临时护栏将此区域隔离，待次日进行回填。同时要求施工单位加强门卫管理，严禁非施工人员进入施工现场，造成意外伤害。施工单位接监理工程师通知单后，遵照执行监理通知对现场进行保护，本项工程未造成人员坠落伤害。

3. 围护工程中保证基坑稳定的工作

本工程有一个地下室面积约2.6万m^2，深度达7m，部分电梯井和塔吊基础更深。工程地质条件较差，尤其是南部属淤泥质土，表层2m杂填土以下呈半流质状态，且基坑西侧距市政干道不足30m，东侧距多层居民小区建筑不足15m，施工难度较大而对基坑安全要求更高。

基坑围护设计方案于2004年6月通过南京市专家评审小组评审，同意按此设计施工。

北侧以及东侧北部采用三轴深搅桩加插H型钢，然后采用18m自钻式预应力锚杆固定。经监理组检查，SMW工法中起吊型钢的起重机驾驶员具有起重工专业资格证书，且起重机有安监手续，同意施工。为保证锚杆的强度能满足设计需要，监理人员要求施工单位做锚杆抗拔试验并现场旁站，确认抗拔强度满足设计要求。

基坑西侧边坡，有一定场地保证放坡条件，设计采用1∶1.5放坡，高度−3m位置设1m宽二级放坡平台。监理人员现场对坡度进行测量，确保满足设计要求。

在深层搅拌桩施工时，监理人员每1～2个小时使用比重计对现场搅拌的水泥浆进场检测，确认水灰比在正常范围之内，每日制作当日施工段的水泥土试块，60天后由监理组见证由施工单位委托试验室作抗压试验，试验合格后方可进行此段基坑开挖。

4. 基坑开挖过程中保证基坑安全工作

在基坑开挖前，监理人员要求基坑监测单位进场，埋设测斜孔及水位观测井等，要求基坑监测单位及时提供监测报告，并每日安排监理人员现场巡视，注意观察土壁和基坑边坡的稳定性，一旦发现有裂缝或者坍塌可能，要求所有人员和机械及时撤离并及时报告处理。

在开挖施工前，负责安全工作的监理工程师和各专业监理工程师对土方开挖方案进行审核，检查土方开挖对边坡的保护，督促施工单位合理安排土方开挖的次序，保证开挖后能及时进行垫层和底板混凝土的浇筑工作，避免某段基坑长期暴露，避免过长的基坑边线暴露。

在土方开挖过程中，深井降水工作一直在进行，监理人员每日两次巡视现场，除了其他的巡视要求之外，还注意检查边坡是否存在渗漏以及坑内外观测井内水位标高。某一天监理工程师现场巡视时发现坑外某观测井水位有较大下降，立即签发监理工程师通知单，要求施工单位对坑外通过回灌井进行回灌，以防基坑外建筑物发生沉降。施工单位遵照执行后，外测基坑水位逐渐恢复正常状态。

在土方开挖时，因施工场地局限及车辆不足，渣土车不能及时完成土方外运，部分土堆放在基坑边坡外，监理人员现场巡视发现后，认为坑边堆载超过方案的基坑支护方案的规定。这是一个较大的安全隐患，要求施工单位增加运土车辆，不得将土堆放于基坑边坡附近，增加基坑围护结构的荷载，影响边坡稳定。

西侧基坑外边坡距离围墙有约15m宽的场地，施工单位为方便施工将此处设为出土运输道路，西侧基坑开挖后，基坑监测报告显示此段边坡有较大位移，累计位移已超过警戒值，且有继续扩大的趋势，监理工程师立即发监理工程师通知单，要求施工单位立即封闭此段道路，避免动载作用，并在此段边坡外挖土放坡卸载。施工单位遵照此方案处理完毕后，此段边坡位移开始稳定，不再扩大。

基坑南侧西部，原搭设有施工单位临时办公楼。基坑开挖时，此处坡顶出现2cm左右裂缝，部分裂缝已蔓延至坡顶排水沟内，但当时未引起施工单位的足够重视。开挖一周后，天降暴雨，雨后基坑监测报告反映此处位移正迅速扩大，且肉眼可见办公楼严重倾斜，楼顶与基础偏差达10cm左右。项目监理机构立即发监理工程师通知单，内容如下："你部基坑西南侧处办公楼位置，暴雨后基坑边坡位移已超出警戒范围，且有迅速扩大的趋势，且造成办公楼严重倾斜，属于危房。为保证边坡稳定，现要求你部立即对此处办公楼及附近倾斜的挡墙进行拆除，并挖土卸荷。拆除前在办公楼附近设立护栏及警戒标志，避免非拆除人员进入此区域造成危险。"施工单位接监理通知后，于四日内拆除完临时办公楼，并卸去1.2m厚表层土体。经处理后此处边坡渐趋稳定，至地下室施工完毕再未发生事故。

南侧基坑开挖以后，监理人员在现场巡视检查时发现约20m范围内的一段深搅围护桩强度很低，监理人员发现后认为这是严重的安全隐患，一旦支护破坏，会导致附近建筑变形破坏、坡顶人员及坡底人员的安全，立即发出监理工程师通知，要求施工单位立即停止此段土方开挖工作，并将已开挖的部分回填等待补救处理，并通知设计人员现场检查。经各方会商后，认为这是因为原状土体质量较差，为半流质淤泥土，水泥浆与此类土结合后，水泥土强度增长缓慢。咨询附近居民得知，以前此处有一条污水河，几年前未作清淤处理即草草回填，且在地质勘探报告上未能反映出来。参建各方商讨补救措施，决定在原来围护桩外围加打一排深搅桩并增加搅拌桩的深度，按此方案处理后，养护期满对此段进行开挖，情况稳定。

5. 土方开挖中的有关工作

基坑开挖前，项目监理机构建议业主提供基坑周边的市政管网图纸，并向施工单位交底，以便现场施工时避开管线或加以保护，并要求施工单位在施工过程中如发现未注明的管线及时报告监理组和业主，不得擅自处理。

在基坑开挖前，负责安全工作的监理工程师发《监理工程师通知单》，对挖土时安全防范工作提出以下几点要求：(1) 施工单位在挖土时，机械启动前应检查离合器、钢丝绳等，经空车试运转正常后开始作业；(2) 机械操作中进铲不应太深，提升不宜太猛；(3) 机械不得在输电线路以下工作，机械任何部位与架空输电线路最近距离应符合安全操作规程要求；(4) 机械应停在坚实的土基上，如土质太差，应采取铺设道板等加固措施；(5) 配合机械挖土进行清土清坡的工人，不准在机械回转半径下工作；(6) 进行分层开挖，确认水位降至开挖深度以下50cm，方可进行本层土方挖运，每层开挖深度应依据开挖方案中的规定，不宜超深。

在负责安全工作的监理工程师和各专业监理工程师审核土方开挖方案通过后，总监签字同意土方开挖。

由于在管桩静压施工中，桩顶标高设计在 −6.7m，而实际施工中存在相当一部分的管桩送桩不到位，故实际存在大量管桩高出基坑底标高。监理人员在现场巡视时发现挖掘机操作人员有野蛮操作，可能导致坑底作业人员的安全，发出监理工程师通知，要求施工单位在挖掘机操作作业时必须在坑底配备安全指挥人员，一是保证挖掘机操作不损坏管桩，二是保证挖掘机操作坑底有关作业人员避免受伤。

另外，负责安全工作的监理工程师发《监理工程师通知单》，对挖土过程中的管桩保护提出一些要求：

(1) 根据土方开挖的分层方案，对高出基坑底的管桩进行分层截除。因部分管桩须截除的长度高达4～6m，如等土方开挖全部完成再作截桩，截桩时高度过高，重心较高影响稳定性，一旦倾覆可能造成严重安全事故，同样，在机械进行此部分土层挖掘时，也存在很大的安全隐患；

(2) 土方开挖时，必须严格按照方案拟定的分层高度，避免管桩两侧土体落差过高造成管桩倾斜乃至断裂。监理人员在现场施工时巡视，监督施工单位能够按照《监理工程师通知单》的要求执行。

6. 脚手架搭设工程中安全工作

本工程采用金属扣件式双排钢管脚手架。根据《条例》第四章第二十六条规定，应编制专项施工方案，并附安全验算结果，经施工单位技术负责人、总监理工程师签字后实施，由专职安全生产管理人员进行现场监督。

负责安全工作的监理工程师在审核施工单位申报的脚手架搭设方案时，发现该方案本该由施工单位技术负责人签字却由项目部项目经理代签，且方案中的计算公式和数据引用有误。监理人员签署审核意见要求施工单位完善后重新报审，将此方案退回施工单位。施工单位在一周后将修改好的方案重新报审，负责安全工作的监理工程师审核通过后，交总监理工程师签字同意按此方案施工，负责安全工作的监理工程师在后续施工中现场监督此方案的执行情况。

关于施工单位技术负责人审查脚手架搭设方案并签字的问题，施工单位项目经理部提出由于是外地企业，来回不便，提出由本地的分公司技术负责人审查签字。总监理工程师没有同意，理由是该项目的施工合同是由总公司与建设单位签订，签订合同的总公司应承担相应的责任。

负责安全工作的监理工程师在脚手架施工前，对现场拟使用的钢管和扣件进行检查，要求施工单位剔除严重锈蚀、弯曲和壁厚不足的钢管，以及严重锈蚀、变形、螺栓螺纹损坏的扣件，并检查脚手架的基础安全以及基础排水工作，发出监理工程师通知，要求施工单位按有关技术规程执行。但对于这一条作为监理人员签发了监理通知，施工单位并没有很好地执行。事实上监理人员也无法对大量的钢管及扣件进行全面检查。

负责安全工作的监理工程师现场巡视时发现：部分脚手架搭设高度不够，未按规定超过檐口1.1m高度；安全通道上的竹笆破碎比较严重；部分安全网漏挂；部分立杆间距偏大。以上均属较严重安全隐患，负责安全工作的监理工程师发《监理工程师通知单》，要求施工单位安全管理人员就以上问题立即进行处理。次日再次复检时，以上问题已整改完毕。

根据脚手架施工方案，各幢高层从六层起采用悬挑式脚手架。挑梁采用16号工字钢，阳台部分采用$\phi 12.5\ (6\times 19)$钢索斜拉，同时在十三层处设置卸荷架。负责安全工作的监理工程师对挑梁的埋设稳定性进行检查，并检查扫地杆连接保护工作。

负责安全工作的监理工程师现场巡视发现，某幢高层于十三层处未按已审定的外脚手架施工方案施工，擅自取消了卸荷架，而且搭设高度已超出经审批的方案要求，存在重大安全隐患。发监理工程师通知单要求施工单位必须严格按照审批方案施工，限期对该位置脚手架进行整改加固。施工单位在限期内未对监理工程师通知单进行回复，经负责安全工作的监理工程师现场复查发现此部位施工单位的整改工作拖沓，即建议总监理工程师发《工程暂停令》，暂停此幢楼的施工，要求施工单位必须在整改完成后，申报《工程复工报审表》，经项目监理机构审核同意后方可复工。总监理工程师发出《工程暂停令》，施工单位整改完毕经负责安全工作的监理工程师验收通过后，同意进行复工。

7. 塔吊及人货电梯的安全控制

本工程采用轨道式塔式起重机。根据《条例》规定，起重吊装工程需编制专项施工方案。负责安全工作的监理工程师对塔吊专项施工组织设计进行审查，审核通过后方可施工和使用。

因工程地质条件较差，自然路基承载力不足，本工程塔吊基础采用4根钻孔灌注桩锚固入塔吊承台处理，经验算满足塔吊承载力需要。

负责安全工作的监理工程师在塔吊安全管理中，着重于检查“四限位”和“两保险”的落实情况，对塔吊驾驶人员和指挥人员的操作资格证书进行审查，并督促施工单位在办理塔吊安监合格证后方可使用。

2004年11月，本工地某塔吊在吊装脚手架钢管时，因下部工人绑扎钢管不平衡且绑扎不牢，起吊中一根钢管倾斜坠落，幸未造成人员伤亡。针对此安全事故，负责安全工作的监理工程师发监理工程师通知单重申塔吊使用注意事项：(1) 夜间作业必须有充足的照明；(2) 塔吊必须有可靠接地，所有电气设备外壳均应与机体妥善连接并接地；(3) 司机必须得到指挥人员明确信号后，方可进行操作，操作前司机必须按电铃，发信号；(4) 工作休息与下班时，不得将重物悬挂在空中；(5) 塔吊必须安装力矩限制器，轨道末端应有止挡装置和限位器撞杆，且必须经过有效测试；(6) 工作完毕，起重机应驶到轨道中部位置停放，并应用夹轨夹固定；吊钩上升到上限位，所有控制器必须扳到停止位，拉开电源总开关；(7) 吊装钢管、钢筋等细长物体时，必须绑扎牢固且平衡后，指挥人员方可通知司机起吊；(8) 恶劣天气下应限制或停止塔吊的使用。

人货电梯须办理安监合格证后方可正常使用。负责安全工作的监理工程师在现场巡视时，发现部分工人为图方便，将电梯外的防护门敞开；并且因无楼层呼叫器，时有工人下楼无法联系电梯，将杂物抛下以引起电梯司机注意；连接电梯与各楼层之间的道板存在破损，且未用防护网封闭。以上情况均属于安全隐患，负责安全工作的监理工程师发出监理工程师通知，责令施工单位立即进行处理。

8. 钢筋工程

负责安全工作的监理工程师对钢筋制作与绑扎提出以下主要注意事项：(1) 钢筋断料、配料、弯料应在地面工作棚进行，不得在高空操作；(2) 现场绑扎悬挑大梁钢筋时，不得站在模板上操作，必须在脚手架上操作。绑扎独立柱头钢筋时，不得将钢箍、木料、模板作为钢筋工的站立点；(3) 起吊钢筋时，规格必须统一，长短不得参差不齐，不准单点起吊；(4) 钢筋竖向电渣压力焊，焊机必须有可靠接地，操作人员有可靠绝缘防护装备；(5) 钢筋冷拉时，两端必须装置防护设施，严禁在冷拉线两端站人或跨越、触动正在冷拉的钢筋；(6) 高空作业时，钢筋不得集中置于脚手板上，以免坠落伤人；(7) 钢筋制作场所必须在上部搭设防护棚盖，雨天严禁露天操作，以免雷击伤人。

9. 模板工程

近年来，建筑施工中因为模板支撑稳定性不够导致的安全问题层出不穷，其主要原因就是施工单位不能正确认识危害，或不进行正确的设计与计算，或不按计算要求进行支撑体系施工，或者选用劣质的支撑构件。

项目监理机构高度重视模板支撑的安全问题，要求施工单位在模板工程施工前必须编制专项施工方案，经监理工程师审核通过后方可进行施工。负责安全工作的监理工程师首先对施工单位选用的钢管直径和壁厚进行测量，按实测数据对方案中各种梁高（60cm、80cm、90cm、120cm、140cm）、各种跨度（4m、6m、8m、9m、12m）、板厚（30cm、40cm、50cm）支撑体系稳定性的内容进行审核，并对模板支撑进行力学计算，防止模板垮塌。

项目监理机构还要求凡梁高大于70cm或高度超过8m的模板支撑体系必须进行专家审查会议进行审查，监理人员必须参加审查会议，并发表有关支撑安全性能的意见供专家审查参考。总监理工程师根据审查会上的情况再对方案进行审查并签署意见。

模板体系方案审查通过后，负责安全工作的监理工程师还应巡视模板支撑施工现场。不出所料，事实上施工单位并没有完全按照审查通过的方案进行支撑支架的施工，主要问题有：间距过大、剪刀撑设置不够、没有双向的扫地杆、梁部的支撑未到地，次要问题则更多。监理人员立即签发监理工程师通知，要求施工单位整改，但是施工单位自以为经验丰富，认为方案是理论上的，实际上没有必要像方案中所要求的间距、步距及其他相关要求。负责安全工作的监理工程师向总监理工程师汇报后得到总监的支持，总监理工程师亲自找到施工单位项目经理及技术负责人讲清利害关系，但是项目经理和技术负责人表示可以适当整改，不同意全部整改，并表示出了问题由他负全部责任，但总监理工程师仍然认为存在安全隐患，亲自再次发出监理工程师通知，要求施工单位全面整改，并召集全体监理人员开会指示："模板支架的整改达不到要求监理人员绝不能同意灌注混凝土，如果施工人员强行灌注混凝土，监理人员应立即制止并向有关部门汇报"。期间总监理工程师还向建设单位有关人员通报有关模板支撑的安全状况，争取建设单位的支持。经过一段时间的僵持，最后施工人员对存在的主要问题进行了加固，次要问题也没有全面加固。事实上，监理人员无法对所有次要问题进行验收。经过综合评价，总监理工程师认为主要的重大的隐患已消除，次要的问题还存在，但不至于发生模板垮塌事故。所以同意灌注混凝土。

针对模板施工中经常出现的一般安全隐患，负责安全工作的监理工程师提出以下几点意见，要求施工单位遵照执行：(1) 拆装模板时，必须有稳定的登高工具，高度超过3.5m的，必须专门搭设脚手架；(2) 模板拆除时，下部不允许站人，应用专用的工具进行拆除，同时应防止模板整体掉落；(3) 安装柱墙模板时，应一边安装一边支撑固定，未支撑牢固不得松手，以防倾覆；(4) 模板支撑必须按照方案中规定搭设，间距应符合规定，高模板支撑立杆与立杆之间，应直接用十字扣件连接，不得使用搭接或横杆进行过渡连接，必要时必须加扫地杆；(5) 悬挑梁板的模板，必须作稳定支撑，不得将模板支撑立于脚手架之上。

10. 混凝土工程

负责安全工作的监理工程师就混凝土浇筑过程中可能出现的安全隐患，提出以下注意事项，要求施工单位遵照执行：(1) 离地面2m以上的过梁、雨篷、小平台等，操作人员不得站在模板上操作，如无可靠的安全设备，必须系好安全带；(2) 使用振捣器前应检查电源电压，漏电保护器的电源线是否良好，电源线不得有接头，振捣器移动时不得硬拉电线，不得在钢筋等锐物上拖拉；(3) 混凝土浇筑时，布料机管口不得指向操作人员，以免冲击人员产生事故；(4) 采用汽车泵浇筑混凝土时，悬臂下不得站人，汽车泵应停于可靠地基之上。

11. 钢结构安装与吊装工程

本工程的钢结构是公共建筑，总高度为30.15m，底部两层建筑面积798m²，可作为公共场所使用，两层向上的部分实际为城市地区标志性构筑物，无使用功能。外部装饰为铝塑板加局部隐框玻璃幕墙。

监理组严格审查了钢结构的施工方案，其底部两层为现场拼装，上部的塔身分两段在地面现场预拼装，然后起吊在高空组装。底部两层的拼装主要审查现场的安全作业措施，而上部的吊装方案安全性计算和高空作业措施是审查的重点，经施工单位的技术负责人审查，总监理工程师认为具备了安全要求，同意进行施工。

在吊装过程监理人员全过程旁站，重点是其吊装安全。在吊装初期，一度由于缺少统一有力的吊装指挥人员而导致混乱，同时由于尺寸误差偏大，而又被迫吊回地面重新调整。后来监理人员要求施工单位安排一人作为吊装总指挥，施行正确的旗语和口哨，其他施工人员紧密配合，才得以顺利吊装成功。

八、日常安全问题的措施和处理

开工时，负责安全工作的监理工程师发监理工程师通知单，对工地的安全文明标化工作提出了要求："根据现场安全文明管理需要，你部应监理安全标化工作。在醒目位置张贴安全宣传画、安全宣传标语以及现场安全制度，并张贴违规人员的处罚措施，创造工地安全氛围，增加施工人员安全意识。"

2005年4月，因市政道路拓宽，本工程围墙内移，并因妨碍道路施工，将临近道路的一幢活动板房工人宿舍拆除。施工单位将拆迁后的工人安置于已施工完毕的某两幢楼地下室居住，给工程建设带来十分严重的安全隐患和不文明因素。现场监理员发现后，通报负责安全工作的监理工程师，负责安全工作的监理工程师获悉后发监理工程师通知单，根据《条例》第四章第二十九条规定："施工单位不得在尚未竣工的建筑物内设置员工集体宿舍"的规定，要求施工单位迁出已居住在地下室的工人，可暂时分散在其他工人宿舍中，并尽快择地另外搭设新的工人宿舍；一时无法搬迁完毕暂居地下室者，施工单位应检查地下室临时用电线路、防火安全，安装灭火器，并注意防盗；所有工人必须在指定时间内搬迁完毕，如逾时不搬，将处大额违规罚款，并将申报当地建设行政主管部门处理。施工单位接监理组通知，执行缓慢，负责安全工作的监理工程师再次发监理工程师通知督促执行，一周后所有工人搬迁完毕。

2004年4月份，负责安全工作的监理工程师进行现场安全检查时，发现施工单位将大量建筑材料以及部分小型施工机械依围墙堆放，存在重大安全隐患。负责安全工作的监理工程师发《监理工程师通知单》，要求施工单位进行处理，内容如下："2004年4月22日，我项目监理机构对现场进行安全检查时发现，你部在西侧围墙处依墙大量堆放建筑材料与施工机械，存在重大安全隐患，违反《关于加强施工现场围墙安全深入开展安全生产专项治理的紧急通知（建建[2001]141号）》第二条的要求。现要求你部立即将此处建筑材料与施工机械移至规定的堆放区域。请你部在4月25日前完成整改并回复。"施工单位在规定时间内完成整改并回复，负责安全工作的监理工程师现场检查确认后，在回复单签字。此后负责安全工作的监理工程师现场检查时，未发现同样问题。

至工程开工以来，监理工程师一直要求施工人员进入施工现场必须戴安全帽，并多次在监理工程师通知单中提出。2004年4～8月，监理人员在现场发现未戴安全帽者，平均每月达8次之多，虽经现场管理人员多次批评乃至罚款处理，在后续施工时得到较大好转，但仍偶有工人不戴安全帽以及穿拖鞋进场施工的现象存在，对此项目监理机构要求施工单位加强对工人的安全教育，杜绝麻痹思想，将屡次违反安全操作规程的工人清退出场。

2004年7月，项目监理机构进行安全综合检查时，对施工单位现场日常安全管理工作提出批评，并发监理工程师通知单，要求施工单位针对以下问题进行整改：（1）配电房门锁形同虚设，任何人都能进入操作；（2）施工临时用电电缆直接铺设于施工道路上，施工车辆直接碾压；（3）施工现场规划凌乱，没有明确的施工道路；（4）搅拌机械没有接地装置；(5) 现场没有明显的安全警示标志和警戒线。虽然施工单位当时完成整改并对通知单进行回复，但后续施工中类似问题依然多次出现。2004年11月、2005年1月、2005年5月，负责安全工作的监理工程师在检查现场安全工作时，发现存在以下问题：(1) 拆除的模板堆放于人行通道，施工道路和安全通道受阻；(2) 大量朝天钉存在，影响安全；(3) 配电箱门损坏；(4) 现场过路电缆未作套管并掩埋。以上属于累犯错误，虽监理人员多次提出，施工单位也及时整改，但此类问题总不能杜绝，显示施工单位的安全意识仍需加强。

灾害性天气。在政府发布警报后，负责安全工作的监理工程师即应通知施工单位暂停施工，做好安全防范工作。如2005年8月5日，负责安全工作的监理工程师发监理工程师通知单，内容如下："根据天气预报，今年第9号台风即将在今日夜间影响我省，将面临11级大风和暴雨。现要求你部提前做好防台风工作，暂停夜间施工，重点对脚手架、塔吊、施工爬梯和工棚等临时建筑进行检查，有需要的可进行拆卸和加固。"霜冻、大风、大雾天气，监理组根据需要，要求施工单位在作好安全防范前提下才可施工，否则如塔吊或高空作业等受气候影响大的工种暂停施工。

工人宿舍等非工作场所。负责安全工作的监理工程师每月综合检查时进行检查，或者与文明建设一起进行检查。主要控制防火和用电安全。2004年6月，监理组对现场进行综合检查后，提出："部分工人宿舍楼未放置灭火器，部分灭火器已超过使用年限，应安装或替换新的灭火器材。"施工单位执行监理指令，按要求配备了灭火器材。

2005年4月，现场发生工人斗殴事件。项目监理机构在获悉后，在工地例会以及监理工程师通知单上，明确要求施工单位将参与斗殴的工人一律清退出场，以儆效尤。

九、本工程所提出的安全隐患及其监理措施汇总

具体见表8-1。

安全隐患及其监理措施汇总表 表8-1

序	作业／活动／设施／场所	危险源	重大	一般	可能导致的事故	监理工作措施	备注
1	土方开挖	施工机械有缺陷		✓	机械伤害，倾覆等	进行巡视检查	
2		施工机械的作业位置不符合要求		✓	倾覆、触电等	进行巡视检查	
3		挖土机司机无证或违章作业		✓	机械伤害等	督促施工单位进行教育和培训、进行巡视检查	
4		其他人员违规进入挖土机作业区域		✓	机械伤害等	督促施工单位执行运行的安全控制程序、进行巡视检查	
5	基坑支护	支护方案或设计缺乏或者不符合要求	✓		坍塌等	督促施工单位编制或修订方案，并组织审查	
6		临边防护措施缺乏或者不符合要求		✓	坍塌等	督促施工单位认真落实经过审批的方案或修正不合理的方案	
7		未定期对支撑、边坡进行监视、测量		✓	坍塌等	督促施工单位执行运行的安全控制程序、进行巡视检查	
8		坑壁支护不符合要求	✓		坍塌等	督促施工单位执行已经批准的方案，进行巡视控制	
9		排水措施缺乏或者措施不当		✓	坍塌等	进行巡视检查	

续表

序	作业／活动／设施／场所	危险源	重大	一般	可能导致的事故	监理工作措施	备注
10	基坑支护	积土料具堆放或机械设备施工不合理造成坑边荷载超载	✓		坍塌等	督促施工单位执行运行的安全控制程序、进行巡视检查	
11		人员上下通道缺乏或设置不合理		✓	高处坠落等	督促施工单位执行运行的安全控制程序、进行巡视检查	
12		基坑作业环境不符合要求或缺乏垂直作业上下隔离防护措施		✓	高处坠落，物体打击等	督促施工单位对此危险源制定安全目标和管理方案	
13	脚手架工程	施工方案缺乏或不符合要求	✓		高处坠落等	督促施工单位编制设计与施工方案，并组织审查	
14		脚手架材质不符合要求		✓	架体倒塌，高处坠落等	进行巡视检查	
15		脚手架基础不能保证架体的荷载	✓		架体倒塌，高处坠落等	督促施工单位执行已批准的方案，并根据实际情况对方案进行修正	
16		脚手架铺设或材质不符合要求		✓	高处坠落等	进行巡视检查	
17		架体稳定性不符合要求		✓	架体倒塌，高处坠落等	督促施工单位执行运行的安全控制程序，进行巡视检查	
18		脚手架荷载超载或堆放不均匀	✓		架体倒塌，倾斜等	进行巡视检查	
19		架体防护不符合要求		✓	高处坠落等	进行巡视检查	
20		无交底或验收		✓	架体倾斜等	督促施工单位进行技术交底并认真验收	
21		人员与物料到达工作平台的方法不合理		✓	高处坠落，物体打击等	督促施工单位执行运行的安全控制程序，督促施工单位进行教育和培训	
22		架体不按规定与建筑物拉结		✓	架体倾倒等	进行巡视检查	
23		脚手架不按方案要求搭设		✓	架体倾倒等	督促施工单位进行教育和培训，进行巡视检查	
24	悬挑脚手架	悬挑梁安装不符合要求	✓		架体倾倒等	督促施工单位执行运行的安全控制程序，进行巡视检查	
25		外挑杆件与建筑物连接不牢固	✓		架体倾倒等	进行巡视检查	
26		架体搭设高度超过方案规定	✓		架体倾倒等	督促施工单位执行已经过审查的方案，进行巡视检查	
27		立杆底部固定不牢	✓		架体倾倒等	进行巡视检查	
28	悬挑钢平台及落地操作平台	施工方案缺乏或不符合要求	✓		架体倾倒等	督促施工单位编制或修改方案，并组织审查	
29		搭设不符合方案要求		✓	架体倾倒等	督促施工单位执行已批准的方案，进行巡视检查	
30		荷载超载或堆放不均匀	✓		物体打击，架体倾倒等	进行巡视检查	
31		平台与脚手架相连		✓	架体倾倒等	进行巡视检查	
32		堆放材料过高		✓	物体打击等	督促施工单位进行教育和培训，进行巡视检查	
33	附着式升降脚手架	升降时架体上站人		✓	高处坠落等	督促施工单位进行教育和培训，进行巡视检查	
34		无防坠装置或防坠装置不起作用	✓		架体倾倒等	督促施工单位执行运行的安全控制程序，进行巡视检查	

续表

序	作业/活动/设施/场所	危险源	重大	一般	可能导致的事故	监理工作措施	备注
35	附着式升降脚手架	钢挑架与建筑物连接不牢或不符合规定要求	✓		架体倾倒等	进行巡视检查	
36	模板工程	施工方案缺乏或不符合要求	✓		倒塌，物体打击等	督促施工单位编制或修改方案，并组织审查，进行巡视检查	
37		无针对混凝土输送的安全措施	✓		机械伤害等	要求施工单位针对实际情况提出相关措施	
38		混凝土模板支撑系统不符合要求	✓		模板坍塌，物体打击等	督促施工单位执行已批准的方案，进行巡视检查	
39		支撑模板的立柱的稳定性不符合要求	✓		模板坍塌等	督促施工单位执行已批准的方案，进行巡视检查	
40		模板存放无防倾倒措施或存放不合要求		✓	模板坍塌等	进行巡视检查	
41		悬空作业未系安全带或系挂不符合要求	✓		高处坠落等	督促施工单位进行教育和培训，进行巡视检查	
42		模板工程无验收与交底		✓	倒塌，物体打击等	督促施工单位进行教育和培训，进行巡视检查	
43		模板作业2m以上无可靠立足点	✓		高处坠落等	进行巡视检查	
44		模板拆除区未设置警戒线且无人监护		✓	物体打击等	督促施工单位执行运行的安全控制程序，进行巡视检查	
45		模板拆除前未经拆模申请批准	✓		坍塌，物体打击等	督促施工单位执行运行的安全控制程序，督促施工单位进行教育和培训	
46		模板上施工荷载超过规定或堆放不均匀	✓		坍塌，物体打击等	进行巡视检查	
47	高处作业	员工作业违章		✓	高处坠落等	督促施工单位进行教育和培训	
48		安全网防护或材质不符合要求		✓	高处坠落，物体打击等	进行巡视检查	
49		临边与“四口”防护措施缺陷		✓	高处坠落等	进行巡视检查	
50	施工用电作业 物体提升安装、拆除	外电防护措施缺乏或不符合要求	✓		触电等	进行巡视检查	
51		接地与接零保护系统不符合要求		✓	触电等	进行巡视检查	
52		用电施工组织设计缺陷		✓	触电等	督促施工单位进行教育和培训，进行巡视检查	
53		违反“一机，一闸，一漏，一箱”		✓	触电等	督促施工单位进行教育和培训，进行巡视检查	
54		电线电缆老化，破皮未包扎		✓	触电等	进行巡视检查	
55		非电工私拉乱接电线		✓	触电等	督促施工单位进行教育和培训，进行巡视检查	
56		用其他金属丝代替熔丝		✓	触电等	督促施工单位进行教育和培训，进行巡视检查	
57		电缆架设或埋设不符合要求		✓	触电等	进行巡视检查	
58		灯具金属外壳未接地		✓	触电等	进行巡视检查	
59		潮湿环境作业漏电保护参数过大或不灵敏		✓	触电等	督促施工单位执行运行的安全控制程序，进行巡视检查	

续表

序	作业／活动／设施／场所	危 险 源	重大	一般	可能导致的事故	监理工作措施	备注
60	施工用电作业 物体提升安装、拆除	闸刀及插座插头损坏，闸具不符合要求		√	触电等	进行巡视检查	
61		不符合“三级配电二级保护”要求导致防护不足		√	触电等	进行巡视检查	
62		手持照明未用36V及以下电源供电		√	触电等	督促施工单位执行运行的安全控制程序，进行巡视检查	
63		带电作业无人监护		√	触电等	督促施工单位执行运行的安全控制程序，进行巡视检查	
64		无施工方案或方案不符合要求	√		架体倾倒等	督促施工单位编制施工方案，并严格执行	
65		物料提升机限拉保险装置不符合要求	√		吊盘冒顶等	督促施工单位执行运行的安全控制程序，进行巡视检查	
66		架体稳定性不符合要求	√		架体倾倒等	督促施工单位检查架体方案并整改，进行巡视检查	
67		钢丝绳有缺陷		√	机械伤害等	进行巡视检查	
68		装、拆人员未系好安全带及穿戴好劳保用品		√	高处坠落等	督促施工单位进行教育和培训，进行巡视检查	
69		装、拆时未设置警戒区域或未进行监控		√	物体打击等	督促施工单位执行运行的安全控制程序	
70		装拆人员无证作业	√		机械伤害，机械伤害等	督促施工单位进行教育和培训，进行巡视检查	
71		卸料平台保护措施不符合要求		√	高处坠落，机械伤害等	进行巡视检查	
72		吊篮无安全门，自落门		√	机械伤害等	进行巡视检查	
73	施工电梯	传动系统及其安全装置配置不符合要求		√	机械伤害等	进行巡视检查	
74		避雷装置，接地不符合要求		√	火灾，触电等	进行巡视检查	
75		联络信号管理不符合要求		√	机械伤害等	督促施工单位执行运行的安全控制程序，进行巡视检查	
76		违章乘坐吊篮上下	√		机械伤害，机械伤害等	督促施工单位进行教育和培训，进行巡视检查	
77		司机无证上岗作业		√	机械伤害等	督促施工单位进行教育和培训，进行巡视检查	
78		无施工方案或方案不符合要求	√		设备倾覆等	督促施工单位编制设计与施工方案，并认真审查	
79		电梯安全装置不符合要求		√	机械伤害等	督促施工单位执行运行的安全控制程序，进行巡视检查	
80		防护棚、防护门等防护措施不符合要求		√	高处坠落，物体打击等	督促施工单位执行运行的安全控制程序，进行巡视检查	
81		电梯司机无证或违章作业		√	机械伤害等	督促施工单位进行教育和培训，进行巡视检查	
82		电梯超载运行	√		机械伤害等	督促施工单位执行运行的安全控制程序，进行巡视检查	
83		装、拆人员未系好安全带及穿戴好劳保用品		√	高处坠落等	督促施工单位进行教育和培训，进行巡视检查	
84		装、拆时未设置警戒区域或未进行监控	√		物体打击等	督促施工单位执行运行的安全控制程序，进行巡视检查	

续表

序	作业／活动／设施／场所	危　险　源	重大	一般	可能导致的事故	监理工作措施	备注
85	施工电梯	架体稳定性不符合要求	√		架体倾倒等	督促施工单位执行运行的安全控制程序，进行巡视检查	
86		避雷装置不符合要求		√	触电，火灾等	进行巡视检查	
87		联络信号管理不符合要求		√	机械伤害等	督促施工单位执行运行的安全控制程序，进行巡视检查	
88		卸料平台防护措施不符合要求或无防护门		√	高处坠落，物体打击等	进行巡视检查	
89		外用电梯门连锁装置失灵		√	高处坠落等	督促施工单位执行运行的安全控制程序，进行巡视检查	
90		装拆人员无证作业		√	机械伤害等	督促施工单位进行教育和培训，进行巡视检查	
91	塔吊安装、拆除及作业其他起重吊装作业	塔吊力矩限制器，限位器，保险装置不符合要求	√		设备倾翻等	督促施工单位执行运行的安全控制程序，进行巡视检查	
92		超高塔吊附墙装置与夹轨钳不符合要求	√		设备倾翻等	进行巡视检查	
93		塔吊违章作业		√	机械伤害等	督促施工单位进行教育和培训，进行巡视检查	
94		塔吊路基与轨道不符合要求	√		设备倾翻等	进行巡视检查	
95		塔吊电器装置设置及其安全防护不符合要求		√	机械伤害，触电等	进行巡视检查	
96		多塔吊作业防碰撞措施不符合要求	√		设备倾翻等	督促施工单位执行已批准的方案或修改方案不合理的内容，进行巡视检查	
97		司机，挂钩工无证上岗		√	机械伤害等	督促施工单位进行教育和培训，进行巡视检查	
98		起重物件捆扎不紧或散装物料装的太满		√	物体打击等	督促施工单位执行运行的安全控制程序，进行巡视检查	
99		安装及拆除时未设置警戒线或未进行监控	√		物体打击等	督促施工单位执行运行的安全控制程序，进行巡视检查	
100		装拆人员无证作业	√		设备倾翻等	督促施工单位进行教育和培训，进行巡视检查	
101		起重吊装作业方案不符合要求	√		机械伤害等	督促施工单位重新编制起重作业方案并认真组织审查方案	
102		起重机械设备有缺陷		√	机械伤害等	进行巡视检查	
103		钢丝绳与索具不符合要求		√	物体打击等	进行巡视检查	
104		路面地耐力或铺垫措施不符合要求	√		设备倾翻等	督促施工单位执行经过审查的方案，进行巡视检查	
105		司机操作失误	√		机械伤害等	督促施工单位进行教育和培训，进行巡视检查	
106		违章指挥		√	机械伤害等	督促施工单位进行教育和培训，进行巡视检查	
107		起重吊装超载作业	√		设备倾翻等	督促施工单位执行运行的安全控制程序，进行巡视检查	
108		高处作业人的安全防护措施不符合要求		√	高处坠落等	进行巡视检查	
109		高处作业人违章作业		√	高处坠落等	督促施工单位进行教育和培训，进行巡视检查	

续表

序	作业／活动／设施／场所	危险源	重大	一般	可能导致的事故	监理工作措施	备注
110	塔吊安装、拆除及作业其他起重吊装作业	作业平台不符合要求		✓	高处坠落等	进行巡视检查	
111		吊装时构件堆放不符合要求		✓	构件倾倒，物体打击等	进行巡视检查	
112		警戒管理不符合要求		✓	物体打击等	督促施工单位执行运行的安全控制程序，进行巡视检查	
113	木工机械	传动部位无防护罩		✓	机械伤害等	进行巡视检查	
114		圆盘锯无防护罩及安全挡板		✓	机械伤害等	督促施工单位执行运行的安全控制程序，进行巡视检查	
115		使用多功能木工机具		✓	机械伤害等	督促施工单位执行运行的安全控制程序，进行巡视检查	
116		平刨无护手安全装置		✓	机械伤害等	进行巡视检查	
117	手持电动工具作业	保护接零或电源线配置不符合要求		✓	触电等	进行巡视检查	
118		作业人员个体防护不符合要求		✓	触电等	督促施工单位进行教育和培训，进行巡视检查	
119		未做绝缘测试		✓	触电等	督促施工单位执行运行的安全控制程序，进行巡视检查	
120	钢筋冷拉作业	钢筋机械的安装不符合要求		✓	机械伤害等	督促施工单位执行运行的安全控制程序，进行巡视检查	
121		钢筋机械的保护装置缺陷		✓	机械伤害等	进行巡视检查	
122		作业区防护措施不符合要求		✓	机械伤害等	进行巡视检查	
123	电气焊作业	未做保护接零，无漏电保护器		✓	触电等	督促施工单位执行运行的安全控制程序，进行巡视检查	
124		无二次侧空载降压保护器或触电保护器		✓	触电等	进行巡视检查	
125		一次侧线长度超过规定或不穿管保护		✓	触电等	进行巡视检查	
126		气瓶的使用与管理不符合要求		✓	爆炸等	督促施工单位进行教育和培训，进行巡视检查	
127		焊接作业工人个体防护不符合要求		✓	触电，灼伤等	督促施工单位进行教育和培训，进行巡视检查	
128		焊把线接头超过3处或绝缘老化		✓	触电等	进行巡视检查	
129		气瓶违规存放		✓	火灾，爆炸等	督促施工单位进行教育和培训，进行巡视检查	
130	拌和作业	搅拌机的安装不符合要求		✓	机械伤害等	进行巡视检查	
131		操作手柄无保险装置		✓	机械伤害等	进行巡视检查	
132		离合器，制动器，钢丝绳达不到要求		✓	机械伤害等	督促施工单位执行运行的安全控制程序，进行巡视检查	
133		作业平台的设置不符合要求		✓	高处坠落等	督促施工单位执行运行的安全控制程序，进行巡视检查	
134		作业工人粉尘与噪声的个体防护不符合要求		✓	尘肺，听力损伤等	督促施工单位执行运行的安全控制程序，进行巡视检查	

续表

序	作业／活动／设施／场所	危 险 源	重大	一般	可能导致的事故	监理工作措施	备注
135	打桩作业	打桩机的安装不符合要求		✓	机械伤害等	督促施工单位执行运行的安全控制程序，进行巡视检查	
136		打桩作业违规操作		✓	机械伤害等	督促施工单位进行教育和培训，进行巡视检查	
137		行走路面荷载不符合要求		✓	设备倾翻等	督促施工单位执行运行的安全控制程序，进行巡视检查	
138		打桩机超高限位装置不符合要求		✓	机械伤害等	督促施工单位执行运行的安全控制程序，进行巡视检查	
139	安全管理	对施工组织设计中安全措施的管理不符合要求		✓	各类事故	督促施工单位对此危险源制定安全目标和管理方案	
140		未按法规要求建立健全安全生产责任制		✓	各类事故	督促施工单位建立责任制	
141		未对分部工程实施安全技术交底		✓	各类事故	督促施工单位进行教育与技术交底	
142		安全检查制度的建立与实施不符合要求		✓	各类事故	督促施工单位对此危险源制定安全目标和管理方案	
143		安全标志的管理不符合要求		✓	高处坠落，物体打击等	督促施工单位进行教育和培训，进行巡视检查	
144		防护用品的管理不符合要求		✓	各类事故	进行巡视检查	
145	物料储备	易燃易爆及危险化学品的存放不符合要求		✓	泄露，火灾等	督促施工单位执行运行的安全控制程序，进行巡视检查	
146		料具违规堆放		✓	料具倾倒等	进行巡视检查	
147	消防管理	无消防措施、制度或消防设备		✓	火灾等	督促施工单位对此危险源制定安全目标和管理方案	
148		灭火器材配置不合理		✓	火灾等	督促施工单位执行运行的安全控制程序，进行巡视检查	
149		动火作业管理制度不符合要求		✓	火灾等	督促施工单位对此危险源制定安全目标和管理方案	
150	生活设施管理	食堂不符合卫生要求		✓	食物中毒等	可以不检查，但是发现要处理	
151		厕所及洗浴设施不符合要求		✓	摔倒，传染病等	可以不检查，但是发现问题要处理	
152		活动板房无搭设方案及未验收		✓	坍塌	可以不检查，但是发现问题要处理	
153		食堂采购不认真		✓	食物中毒	可以不检查，但是发现问题要处理	
154		锅炉等压力容器的管理不符合要求		✓	爆炸等	可以不检查，但是发现问题要处理	

编制： 年 月 日	审核： 年 月 日	批准： 年 月 日

值得指出的是，各监理单位对于工程项目安全工作的管理程度是有区别的。在本案例中，该项目监理机构根据本监理单位的安全工作要求对安全管理工作做得较为深入，范围较广，也是值得鼓励的。并非每一个监理项目均要达到这样的标准。各监理单位和项目监理机构可以根据本企业的发展战略、能力、信誉及经济效益等方面决定各项目安全工作的管理程度和范围，但至少不应低于《条例》所规定的要求。

第九章　典型安全事故监理责任分析

一、某模板垮塌事故

某学院现代化教育中心施工工地，发生一起5人死亡、3人重伤、14人轻伤重大伤亡事故。该工程为框架6层、局部7层，建筑面积10630m^2。东、西双塔楼之间16m间距、18m净高的空间由连接两塔楼楼顶的钢筋混凝土屋盖即连廊屋盖。2004年9月1日22时许，施工单位在浇筑连廊过程中发生模板支撑系统发生整体坍塌事故，作业现场楼面上的22名作业人员均坠落至地面，其中2人当场死亡，3人经医院抢救无效死亡，3名重伤，14名轻伤，成为5死17伤的重大伤亡事故。

事故的直接原因有：

(1) 经现场勘察，该模板支撑架立杆双向间距为1m，步高1.8m，总高18m，水平联系杆在东西向每步每跨设置，在南北方向仅设置1/3，使50%左右的立杆长细比过大，支撑架的整体刚度严重不足，在混凝土浇筑过程中，支撑架承受的荷载逐渐增加，直至发生支撑架失稳、整体坍塌。

(2) 该模板支撑架搭设不规范，无扫地杆、无剪刀撑，未与东、西塔楼建筑主体结构进行有效拉结，导致其承载能力下降。

事故的间接原因有：

(1) 施工单位的项目经理（兼技术负责人）无项目经理证等相关执业资格书。搭设模板支撑架的作业人员无特种作业操作资格证书。

(2) 未编制专项施工方案，无计算书。施工组织设计中对本高大空间的模板支撑架未编制有针对性的安全技术措施。

(3) 支模架搭设前，项目部未组织施工管理人员与作业人员进行专项安全技术交底，也未下发书面的安全技术交底说明与签字手续。

(4) 施工企业对租赁来的钢管、扣件等支撑架搭设材料未进行质量验收。

(5) 支撑架搭设完毕至浇筑承载前，项目部与监理公司未组织相关人员进行质量验收。

(6) 未得到总监签发的混凝土浇筑令，施工单位擅自浇筑连廊屋盖。

(7) 监理公司发现现场的安全隐患时，未及时出具整改通知。发现施工单位擅自浇筑混凝土，未及时下达停工令，未及时向建设单位与建设安全主管部门汇报。

对于这起事故中高大空间的模板支撑架，总监理工程师应当知道需要编制专项施工方案，专项施工方案中应详细说明架体杆件搭设的三维尺寸，对特殊部位应详细说明搭设方法。应对施工方案所设计的支撑架结构进行结构强度、刚度、单肢稳定性校核计算。专项施工方案与计算书应签署编制、审核、批准栏目，经施工企业总工程师、项目经理及总监理工程师的审批后方可实施。

但是施工单位无方案施工，总监理工程师和现场监理人员未予以制止，更谈不上审查方案。监理单位和监理人员被追究安全责任，有2名监理人员被捕。值得一提的是施工单位负责搭设模板支撑工作的木工班长不同意无方案施工，是被项目经理强迫进行施工的，故未被追究刑事责任。

二、某模板垮塌事故

2005年9月5日22时左右，在某工程4号地项目工地（建筑面积为20万余平方米），施工人员在浇筑混凝土时，模板支撑体系突然坍塌，造成8人死亡、21人受伤的重大事故（见图9-1）。该工程建设单位是某房地产开发有限公司，施工总包单位是某建设公司，工程监理单位是某建设工程顾问有限公司。

事故发生后，国务院领导作出重要指示，要求有关方面全力抢救伤员，查明事故原因，并且举一反三，采取切实有效措施，防止类似事故发生。国家建设部于9月7日向全国发布事故通报，要求各单位严防模板塌垮事故，切实按照建设部防塌垮事故若干规定和审查专项施工方案的有关规定做好施工安全工作，进一步落实工程监理企业的安全监理责任。工程监理企业要认真贯彻《条例》的要求，切实履行安全监理职责，编制专项安全监理方案，认真审查模板工程等危险性较大工程的安全专项施工方案并监督实施。要坚持旁站监理，发现施工不符合安全专项方案要求和事故隐患的，应当立即通过下发监理通知单、暂停施工令等方式要求施工单位整改、停工；施工单位拒不整改、停工的，要及时向建设行政主管部门报告。

事故发生后，当地建委及相关部门对事故的原因进行了调查。结果发现，在模板施工过程中，该工程的施工单位某建筑公司不按有关模板施工的法规和规范编制施工方案，不按有

图9-1　某模板塌垮事故处理现场

关法规规定履行审批手续，进行违章指挥施工，最终导致发生重大事故。与此同时，该工程的监理公司在对该工程实施监理时，不按法规规定认真对模板专项施工方案审核查验，对在模板方案未审批就开始施工的行为不予制止，其最为严重的是在浇筑混凝土前本应有监理签字方可浇筑，但这一重要环节没有按规定实施。

该工程的监理公司驻该工程×号地项目部总监和监理员是涉嫌重大责任事故的责任人，移交公安机关处理。

在进行高大厅堂顶盖模板支架预应力混凝土空心板现场浇筑施工时，由于支撑架太高，极易发生事故，作为总监理工程师没有要求施工单位按规定编制高大模板的专项施工方案，属严重失职，据了解监理员吴某晚上并不值班，是临时到工地取东西而看到工地在进行混凝土施工留下来的。有人认为监理员并没有监理工作的决策权，也没有签发监理指令的权限，不应承担责任，这是不全面的。监理员一旦发现在现场没有经过方案审批的模板支撑系统上面进行混凝土施工，应立即上报专业监理工程师和总监理工程师或有关部门进行处理。该监理员的责任在于他发现现场在进行混凝土灌注时没有询问是否进行了模板支撑系统验收，没有询问该模板支撑系统是否进行了方案审核批准，也就是说发现隐患没有报告。

三、某模板支撑坍塌事故

某演播中心工程地下2层，地面18层，为现浇框架剪力墙结构，事故发生时主楼已封顶；辅楼大演播厅为两面剪力墙、两面框架结构，±0以上高29.3m，±0以下深8.7m，建筑结构净高38m，可供道具、舞台背景上下升降，当时四周结构已完工，准备浇筑大演播厅屋盖。大演播厅建筑平面为2m × 26m，待浇筑的屋盖板厚120mm，由同时浇筑的两根高1.2m、宽0.6m的预应力主梁及三根次梁承托。搭设施工单位为挂靠在某公司的个人队伍，进场施工的17名操作人员中有5名无特种作业人员上岗证。在开始搭设大演播厅模板支撑架前，已施工3个小演播厅与一个门厅、一个观众厅的施工，均采用钢管扣件搭设模板支撑架浇筑屋盖，均无支撑架搭设施工方案。在大演播厅支撑架搭设前，搭设单位未收到施工方案，施工项目部也未进行安全技术交底，仅由项目副经理×××向施工员×××交代，按照已施工的5个小厅屋盖浇筑支撑架的尺寸搭设。在支撑架搭设15天后，分公司才将《模板工程施工方案》交付给项目部与施工员，此时支撑架已搭设大半，施工员×××向项目副经理×××汇报，已搭设的架体的尺寸与《模板工程施工方案》的搭设要求不同，但该项目副经理×××答复仍按照已搭设尺寸继续搭设支撑架，到搭设完成再进行加固， 12月23日，木工班长向该项目副经理汇报支撑架的水平杆未加固到位，该项目副经理即安排架子班人员进行加固，直至10月25日开始浇注混凝土时仍有6名架子工在加固。10月25日6时55分，现场开始浇筑大演播厅屋盖混凝土，但项目部质量员8时许才补填混凝土浇筑申请，送监理公司总监理工程师签字，该总监将日期填写为10月24日。屋盖浇筑期间屋面上共有木工、钢筋工、混凝土工等33名施工人员进行浇筑作业，到10时10分，当混凝土浇筑1个区域至主次梁交叉点时，屋盖模板支撑体系突然发生整体坍塌，屋面上的施工人员纷纷随混凝土、钢筋、模板、支撑架坠落，部分工人被混凝土、钢筋、模板、支撑架等材料掩埋。

在这起事故中，模板支撑架开始施工前，监理单位的总监理工程师曾要求施工单位编制模板支撑施工方案，但是在未收到施工单位编制的模板工程施工方案的情况下没有坚持原则制止施工。

在支撑架搭设过程中从未进行质量与安全检查。总监自称某次会议提到模板支撑系统检查支撑架事宜，但会议纪要未记录在内。

更为严重的是，总监理工程师对已搭设的支撑架未进行验收即补签浇筑令，使工人在留有严重安全隐患的模板支撑体系上进行浇筑施工。

以上的三个模板坍塌事故的原因和责任几乎是完全相同的，施工单位对这种高大的模板支撑系统或其他有较大危险性的施工不编制专项施工方案，不按规定进行审查批准，总监理工程师不提出要求，或提出要求不能坚持原则，项目监理机构不能按照法律和有关规定对专项施工方案进行审查，对擅自灌注混凝土不加制止，默认甚至补签。也就是说，有重大隐患不处理、不制止、不报告而导致这种事故频发。所有监理人员都应该从这三起事件中吸取教训。

四、某地铁隧道坍塌事故

某市在施工中的地铁×号线的一个区间隧道××联络通道在2003年7月1日凌晨发生大量流沙涌入，引起地面大幅沉降，造成八层楼房的地面建筑发生倾斜，其主楼裙房倒塌。由于发现及时，所有人员均已提前撤出，因而无人员伤亡。受其影响的周围楼房里的人员也已全部撤出。事故发生后，市政府立即启动紧急抢险预案程序。

事后，×××江上的一段15m长的江堤发生严重裂缝。因潮汐上涨，裂缝处发生管涌。危急时刻，抢险人员及时抛填沙包挡水固堤，并排险堵漏。至7月2日晚10时，基本控制住了险情。

事故发生段为地铁靠近×××处的260m处、两条隧道之间的一条狭小连接通道，即旁通道。当时，竖井与旁通道的开挖顺序错误、冷冻设备出现故障导致温度回升以及地下沉压水导致喷沙这三方面不利因素遇在一起，最终导致了事故的发生。

（一）施工方改变开挖顺序

据了解，6月底，轨道4号线××南路——××大桥段上下行隧道旁通道上方一个大的竖井已经开挖好，在大竖井底板下距离隧道四五米处，还需要开挖两个小的竖井，才能与隧道相通。按照施工惯例，应该先挖旁通道，再挖竖井。但是施工方改变了开挖顺序，这样极容易造成坍塌。事故发生时，一个小竖井已经挖好，另外一个也已开挖2m左右。

（二）断电导致温度回升

隧道施工时使用的冷冻技术，相当于一个大的冷却塔，利用氟利昂、盐水等冷却剂循环制冷，将土层冷却到零下10℃才能开挖。事故前，冷冻的温度已经达到所需温度，但是6月28日“空调”因断电出现故障，温度慢慢回升，大概回升2℃多的时候，技术人员将情况汇报给××××公司××分公司项目副经理×××。但是该项目副经理认为“不要紧，继续施工”。到了6月30日，由于工人继续施工，向前挖掘，管片之上的流水和流沙压力终于突破极限值，在7月1日出现险情。

（三）地下沉压水导致喷沙

当时在抢险现场的地层属于典型的软土，×××江两侧砂土分布比较广，大约分布在×××江两侧10余米至20余米左右。在这种地方地下进行作业，很容易遇到流沙、沉降等情况。因此，"冻结法"施工是解决松软含水地层水平隧道施工的可靠技术。

6月30日晚，施工现场出现流沙，施工单位采取措施，用干冰紧急制冷。事后看来当时的措施是很不得力的，但究竟是哪一个层面的应急处置上出了问题并不很清楚。

监理单位当时只在技术管理层面上把关，总监理工程师不在×号线施工现场，而是在别的工地，施工单位对施工方案作了变更，将隧道冷冻施工的冷冻管数量、长度作了减少，但施工单位提交的施工方案变更单一直未经过总监理工程师审查。

应该指出，冻结法施工的核心问题是冷冻范围内的冷冻温度，这是这一方案的重大危险隐患，监理人员在巡视现场时应及时检查有关温度记录这一核心问题。然而当温度上升时现场监理人员并没有能够发现这一重大隐患。

建设行政主管部门对相关责任单位和责任人做了处理，涉及的监理单位和监理人员如下：

该工程的监理单位某监理公司是事故的相关责任单位，也负有重要责任。该监理公司未有效履行监理单位职责，未对调整的施工方案组织监理审定；监理人员资格不符合国家规定要求，现场监理失职；未对监理的工程实施有效的巡视检查，未能及时发现险情和制止事故，对事故也负有重要责任。

对该监理公司给予将市政公用工程（含地铁、轻轨）监理资质等级由甲级降为乙级的处罚；总监代表×××（无国家注册监理工程师资格）被批准逮捕，判刑4年；公司经理、项目总监×××，移送司法机关处理，吊销监理工程师注册证书，5年内不予注册的处罚；对监理公司的上级单位某公司总经理×××，给予其行政记大过处分。

五、某桥梁改造工程坍塌事故

某桥建于1974年，跨径35m，系单跨双曲拱桥。因该桥年久失修，桥梁上部建筑出现多处裂缝，业主将其评估为危桥，列入2003年度改造计划，由某主管局组织实施，委托某工程咨询有限公司第二道路桥隧设计所进行改造设计，某监理公司监理。建设单位曾组织专家对设计方案进行审查。经招投标，由某路桥建设有限公司中标，于2003年3月17日进场施工。进场后，在未得到开工报告和拆桥方案书面批准的情况下，施工单位立即进行施工，先后拆除栏杆、护轮带、桥面铺装，并同时使用5台风镐从桥梁跨中向两端逐渐拆除实腹段片石混凝土填平层。2003年3月29日15时左右，施工队长发现该桥跨中填平层下方混凝土出现约0.3mm宽的横向贯通裂缝（深度不详），当即向工程现场监理反映情况，现场监理经勘察后要求施工单位在施工过程中观察裂缝发展情况，但双方均未按程序书面报告异常情况，也未向设计单位通报情况。建设单位工作人员于2003年3月30日上午9时许到现场查看，听施工单位反映桥梁拱顶出现裂缝的问题，也未及时采取果断措施。13时30分左右，当填平层被拆除至跨中左右各2.5m时，桥梁发生瞬间坍塌，在桥面上施工的12人同时坠落，造成4人重伤、8人轻伤的坠落事故。

事故的直接原因有是，施工单位施工组织设计粗糙，对双曲拱桥结构欠了解，也未向设计单位咨询，在未进行技术交底和得到书面开工报告批准的情况下盲目开工，采取了不当操作方法拆除主要受力结构的主拱拱顶上方的填平层，破坏了桥梁的主要受力结构，并同时使用4～5台风镐在桥面上施工，对已出现结构破坏的桥梁主体结构产生巨大的冲击荷载，是造成桥梁瞬间坍塌事故的直接原因。

事故的间接原因有：

(1) 施工单位在发现桥梁出现裂缝等异常情况时，未作出书面报告，技术人员、安全员不在现场，施工管理不到位；

(2) 监理单位发现裂缝后未向业主单位书面报告，也未根据裂缝情况下达停工通知，监理工作不到位；

(3) 设计单位未按照方案审查意见对方案设计进行修订，施工图设计中对老桥现状估计不足；

(4) 建设单位未组织对施工图设计进行审查，听到反映桥梁主拱出现裂缝后未引起高度重视，未及时采取整改措施。

旧桥改造工程涉及拆除工作，也就涉及拆除方案的安全性。尤其是拱桥受力不均时会发生坍塌，作为监理单位只审查粗糙的施工组织设计，而没有要求施工单位编制专门的拆桥方案，另外拆除作业属于危险性较大的作业，监理人员知道发生裂纹的情况下，但没有进行处理，实际上已经是严重的事故前兆，所以有较严重的责任。总监理工程师和现场监理人员受到相应的处理。

六、某烟囱物料提升架安装拆卸施工中井架发生倾覆事故

2004年5月12日上午9时20分，某工业项目10号平炉烟囱工地，一个高达68m的烟囱刚刚完工，施工人员在拆除井架（高75m）时，由于违章拆除井架缆风绳，导致井架发生倾覆，30多名正在施工的工人从相当于20层楼高的60多米的高空坠下，造成施工人员21人死亡、10人受伤，直接经济损失268．3万元。原本高达75m的脚手架几乎完全倒塌，剩下的不足20m高的底部也已经严重扭曲变形，近50m长的脚手架的残骸由北向南贯穿两个大型水泥池的两端（见图9−2所示）。

事故发生的直接原因有：一是该烟囱上料架已在5月10日拆卸了北侧的两根揽风绳，从而导致上料架失去稳定性；二是当时进行拆除作业的工人均在井架内部南侧施工，致使架身受力不匀，架身发生偏转；三是施工队擅自使用未经培训的民工上岗作业，从而酿成悲剧。

事故的间接原因主要有三条：一是施工单位非法层层分包；二是这种高空作业的脚手架必须有专项施工方案，并经过论证审查，要必须严格地保持平衡，只有在施工完全完成后，才能逐步拆除。先行拆除保持平衡的绳索属于明显的违规操作；三是高空作业人员必须具备高空作业资格证书，首次进行30m以上的高空作业前，必须进行严格的培训，并且由具备丰富经验的工人陪同进行作业。

经××省“5·12”特大施工伤亡事故调查组认定，该事故是一起严重违章指挥，违规作业，违反建设程序，有关各方监督管理不力，安全责任不落实而导致的特大责任事故。

应该指出，高度达到75m左右的脚手架或井架不论是搭设还是拆除均涉及重大的安全

图 9-2　倒塌的井架

问题，因此监理人员有必要要求施工单位制定严格保证安全的施工方案，同时在这种涉及重大危险性的施工现场监理人员要坚持现场监督，以发现事故隐患。但是这两个方面监理人员均没有做到。相关部门对现场总监和现场监理人员做出处罚：

×××，该工程项目总监，未对烟囱物料提升架安装拆卸施工方案进行审核，未组织实施有效的监理，对这起事故负主要责任，给予吊销监理工程师注册证书，终身不予注册的处罚。由司法机关依法追究其刑事责任。

×××，该工程烟囱项目的现场监理，未尽到监理职责，没有及时发现烟囱物料提升架存在严重安全隐患，对这起事故负主要责任，由司法机关依法追究其刑事责任。

其他 16 名责任人均受到相应的处罚。

综上所述，安全生产是一个系统工程，在施工现场应当依法由施工单位总负责，其他涉及安全的有关单位也应当依法履行各自的职责。作为监理单位，首先要组织监理人员认真学习《条例》，深刻领会《条例》的精神实质，同时，还要组织监理人员认真学习安全生产与管理方面的知识，提高监理人员的综合能力和管理水平。其次，要树立高度的责任感和紧迫感，提高对落实监理安全责任重要性的认识，一切工作的出发点和落脚点都集中在落实监理安全责任上。第三，要严格按照《条例》第 14 条和第 26 条的有关规定，切实依法履行监理安全责任。第四，要建立落实监理安全责任的目标责任状，做到有目标、有措施、有检查、有监督、有管理、有考核，真正把落实监理安全责任工作落实在工程监理过程中，把因监理责任而发生的安全事故消灭在萌芽状态中，为提高建设工程质量和管理水平作出应有的贡献。

另外，为方便广大的监理单位能够了解和掌握更多的知识，我们收集了一些涉及监理及安全生产与管理方面的法律、法规、规定、规章和标准等，作为本书的附录，供各监理单位在学习和落实监理安全责任时参考。

附录一 建设工程安全生产相关法律、法规、部门规章、规范性文件

中华人民共和国建筑法

中华人民共和国主席令

第 91 号

《中华人民共和国建筑法》已由中华人民共和国第八届全国人民代表大会常务委员会第二十八次会议于 1997 年 11 月 1 日通过，现予公布，自 1998 年 3 月 1 日起施行。

中华人民共和国主席　江泽民
1997 年 11 月 1 日

中华人民共和国建筑法

第一章　总　则

第一条　为了加强对建筑活动的监督管理，维护建筑市场秩序，保证建筑工程的质量和安全，促进建筑业健康发展，制定本法。

第二条　在中华人民共和国境内从事建筑活动，实施对建筑活动的监督管理，应当遵守本法。

本法所称建筑活动，是指各类房屋建筑及其附属设施的建造和与其配套的线路、管道、设备的安装活动。

第三条　建筑活动应当确保建筑工程质量和安全，符合国家的建筑工程安全标准。

第四条　国家扶持建筑业的发展，支持建筑科学技术研究，提高房屋建筑设计水平，鼓励节约能源和保护环境，提倡采用先进技术、先进设备、先进工艺、新型建筑材料和现代管理方式。

第五条　从事建筑活动应当遵守法律、法规，不得损害社会公共利益和他人的合法权益。

任何单位和个人都不得妨碍和阻挠依法进行的建筑活动。

第六条　国务院建设行政主管部门对全国的建筑活动实施统一监督管理。

第二章　建 筑 许 可

第一节　建筑工程施工许可

第七条　建筑工程开工前，建设单位应当按照国家有关规定向工程所在地县级以上人民

政府建设行政主管部门申请领取施工许可证；但是，国务院建设行政主管部门确定的限额以下的小型工程除外。

按照国务院规定的权限和程序批准开工报告的建筑工程，不再领取施工许可证。

第八条 申请领取施工许可证，应当具备下列条件：

（一）已经办理该建筑工程用地批准手续；

（二）在城市规划区的建筑工程，已经取得规划许可证；

（三）需要拆迁的，其拆迁进度符合施工要求；

（四）已经确定建筑施工企业；

（五）有满足施工需要的施工图纸及技术资料；

（六）有保证工程质量和安全的具体措施；

（七）建设资金已经落实；

（八）法律、行政法规规定的其他条件。

建设行政主管部门应当自收到申请之日起十五日内，对符合条件的申请颁发施工许可证。

第九条 建设单位应当自领取施工许可证之日起三个月内开工。因故不能按期开工的，应当向发证机关申请延期；延期以两次为限，每次不超过三个月。既不开工又不申请延期或者超过延期时限的，施工许可证自行废止。

第十条 在建的建筑工程因故中止施工的，建设单位应当自中止施工之日起一个月内，向发证机关报告，并按照规定做好建筑工程的维护管理工作。

建筑工程恢复施工时，应当向发证机关报告；中止施工满一年的工程恢复施工前，建设单位应当报发证机关核验施工许可证。

第十一条 按照国务院有关规定批准开工报告的建筑工程，因故不能按期开工或者中止施工的，应当及时向批准机关报告情况。因故不能按期开工超过六个月的，应当重新办理开工报告的批准手续。

第二节　从业资格

第十二条 从事建筑活动的建筑施工企业、勘察单位、设计单位和工程监理单位，应当具备下列条件：

（一）有符合国家规定的注册资本；

（二）有与其从事的建筑活动相适应的具有法定执业资格的专业技术人员；

（三）有从事相关建筑活动所应有的技术装备；

（四）法律、行政法规规定的其他条件。

第十三条 从事建筑活动的建筑施工企业、勘察单位、设计单位和工程监理单位，按照其拥有的注册资本、专业技术人员、技术装备和已完成的建筑工程业绩等资质条件，划分为不同的资质等级，经资质审查合格，取得相应等级的资质证书后，方可在其资质等级许可的范围内从事建筑活动。

第十四条 从事建筑活动的专业技术人员，应当依法取得相应的执业资格证书，并在执业资格证书许可的范围内从事建筑活动。

第三章　建筑工程发包与承包

第一节　一 般 规 定

第十五条　建筑工程的发包单位与承包单位应当依法订立书面合同，明确双方的权利和义务。

发包单位和承包单位应当全面履行合同约定的义务。不按照合同约定履行义务的，依法承担违约责任。

第十六条　建筑工程发包与承包的招标投标活动，应当遵循公开、公正、平等竞争的原则，择优选择承包单位。

建筑工程的招标投标，本法没有规定的，适用有关招标投标法律的规定。

第十七条　发包单位及其工作人员在建筑工程发包中不得收受贿赂、回扣或者索取其他好处。

承包单位及其工作人员不得利用向发包单位及其工作人员行贿、提供回扣或者给予其他好处等不正当手段承揽工程。

第十八条　建筑工程造价应当按照国家有关规定，由发包单位与承包单位在合同中约定。公开招标发包的，其造价的约定，须遵守招标投标法律的规定。

发包单位应当按照合同的约定，及时拨付工程款项。

第二节　发　　包

第十九条　建筑工程依法实行招标发包，对不适于招标发包的可以直接发包。

第二十条　建筑工程实行公开招标的，发包单位应当依照法定程序和方式，发布招标公告，提供载有招标工程的主要技术要求、主要的合同条款、评标的标准和方法以及开标、评标、定标的程序等内容的招标文件。

开标应当在招标文件规定的时间、地点公开进行。开标后应当按照招标文件规定的评标标准和程序对标书进行评价、比较，在具备相应资质条件的投标者中，择优选定中标者。

第二十一条　建筑工程招标的开标、评标、定标由建设单位依法组织实施，并接受有关行政主管部门的监督。

第二十二条　建筑工程实行招标发包的，发包单位应当将建筑工程发包给依法中标的承包单位。建筑工程实行直接发包的，发包单位应当将建筑工程发包给具有相应资质条件的承包单位。

第二十三条　政府及其所属部门不得滥用行政权力，限定发包单位将招标发包的建筑工程发包给指定的承包单位。

第二十四条　提倡对建筑工程实行总承包，禁止将建筑工程肢解发包。

建筑工程的发包单位可以将建筑工程的勘察、设计、施工、设备采购一并发包给一个工程总承包单位，也可以将建筑工程勘察、设计、施工、设备采购的一项或者多项发包给一个工程总承包单位；但是，不得将应当由一个承包单位完成的建筑工程肢解成若干部分发包给几个承包单位。

第二十五条 按照合同约定，建筑材料、建筑构配件和设备由工程承包单位采购的，发包单位不得指定承包单位购入用于工程的建筑材料、建筑构配件和设备或者指定生产厂、供应商。

第三节 承 包

第二十六条 承包建筑工程的单位应当持有依法取得的资质证书，并在其资质等级许可的业务范围内承揽工程。禁止建筑施工企业超越本企业资质等级许可的业务范围或者以任何形式用其他建筑施工企业的名义承揽工程。

禁止建筑施工企业以任何形式允许其他单位或者个人使用本企业的资质证书、营业执照，以本企业的名义承揽工程。

第二十七条 大型建筑工程或者结构复杂的建筑工程，可以由两个以上的承包单位联合共同承包。共同承包的各方对承包合同的履行承担连带责任。

两个以上不同资质等级的单位实行联合共同承包的，应当按照资质等级低的单位的业务许可范围承揽工程。

第二十八条 禁止承包单位将其承包的全部建筑工程转包给他人，禁止承包单位将其承包的全部建筑工程肢解以后以分包的名义分别转包给他人。

第二十九条 建筑工程总承包单位可以将承包工程中的部分工程发包给具有相应资质条件的分包单位；但是，除总承包合同中约定的分包外，必须经建设单位认可。施工总承包的，建筑工程主体结构的施工必须由总承包单位自行完成。

建筑工程总承包单位按照总承包合同的约定对建设单位负责；分包单位按照分包合同的约定对总承包单位负责。总承包单位和分包单位就分包工程对建设单位承担连带责任。

禁止总承包单位将工程分包给不具备相应资质条件的单位。禁止分包单位将其承包的工程再分包。

第四章 建筑工程监理

第三十条 国家推行建筑工程监理制度。

国务院可以规定实行强制监理的建筑工程的范围。

第三十一条 实行监理的建筑工程，由建设单位委托具有相应资质条件的工程监理单位监理。建设单位与其委托的工程监理单位应当订立书面委托监理合同。

第三十二条 建筑工程监理应当依照法律、行政法规及有关的技术标准、设计文件和建筑工程承包合同，对承包单位在施工质量、建设工期和建设资金使用等方面，代表建设单位实施监督。

工程监理人员认为工程施工不符合工程设计要求、施工技术标准和合同约定的，有权要求建筑施工企业改正。

工程监理人员发现工程设计不符合建筑工程质量标准或者合同约定的质量要求的，应当报告建设单位要求设计单位改正。

第三十三条 实施建筑工程监理前，建设单位应当将委托的工程监理单位、监理的内容及监理权限，书面通知被监理的建筑施工企业。

第三十四条 工程监理单位应当在其资质等级许可的监理范围内，承担工程监理业务。

工程监理单位应当根据建设单位的委托，客观、公正地执行监理任务。

工程监理单位与被监理工程的承包单位以及建筑材料、建筑构配件和设备供应单位不得有隶属关系或者其他利害关系。

工程监理单位不得转让工程监理业务。

第三十五条 工程监理单位不按照委托监理合同的约定履行监理义务，对应当监督检查的项目不检查或者不按照规定检查，给建设单位造成损失的，应当承担相应的赔偿责任。

工程监理单位与承包单位串通，为承包单位谋取非法利益，给建设单位造成损失的，应当与承包单位承担连带赔偿责任。

第五章　建筑安全生产管理

第三十六条 建筑工程安全生产管理必须坚持安全第一、预防为主的方针，建立健全安全生产的责任制度和群防群治制度。

第三十七条 建筑工程设计应当符合按照国家规定制定的建筑安全规程和技术规范，保证工程的安全性能。

第三十八条 建筑施工企业在编制施工组织设计时，应当根据建筑工程的特点制定相应的安全技术措施；对专业性较强的工程项目，应当编制专项安全施工组织设计，并采取安全技术措施。

第三十九条 建筑施工企业应当在施工现场采取维护安全、防范危险、预防火灾等措施；有条件的，应当对施工现场实行封闭管理。

施工现场对毗邻的建筑物、构筑物和特殊作业环境可能造成损害的，建筑施工企业应当采取安全防护措施。

第四十条 建设单位应当向建筑施工企业提供与施工现场相关的地下管线资料，建筑施工企业应当采取措施加以保护。

第四十一条 建筑施工企业应当遵守有关环境保护和安全生产的法律、法规的规定，采取控制和处理施工现场的各种粉尘、废气、废水、固体废物以及噪声、振动对环境的污染和危害的措施。

第四十二条 有下列情形之一的，建设单位应当按照国家有关规定办理申请批准手续：

（一）需要临时占用规划批准范围以外场地的；

（二）可能损坏道路、管线、电力、邮电通讯等公共设施的；

（三）需要临时停水、停电、中断道路交通的；

（四）需要进行爆破作业的；

（五）法律、法规规定需要办理报批手续的其他情形。

第四十三条 建设行政主管部门负责建筑安全生产的管理，并依法接受劳动行政主管部门对建筑安全生产的指导和监督。

第四十四条 建筑施工企业必须依法加强对建筑安全生产的管理，执行安全生产责任制度，采取有效措施，防止伤亡和其他安全生产事故的发生。

建筑施工企业的法定代表人对本企业的安全生产负责。

第四十五条 施工现场安全由建筑施工企业负责。实行施工总承包的，由总承包单位负责。分包单位向总承包单位负责，服从总承包单位对施工现场的安全生产管理。

第四十六条 建筑施工企业应当建立健全劳动安全生产教育培训制度，加强对职工安全生产的教育培训；未经安全生产教育培训的人员，不得上岗作业。

第四十七条 建筑施工企业和作业人员在施工过程中，应当遵守有关安全生产的法律、法规和建筑行业安全规章、规程，不得违章指挥或者违章作业。作业人员有权对影响人身健康的作业程序和作业条件提出改进意见，有权获得安全生产所需的防护用品。作业人员对危及生命安全和人身健康的行为有权提出批评、检举和控告。

第四十八条 建筑施工企业必须为从事危险作业的职工办理意外伤害保险，支付保险费。

第四十九条 涉及建筑主体和承重结构变动的装修工程，建设单位应当在施工前委托原设计单位或者具有相应资质条件的设计单位提出设计方案；没有设计方案的，不得施工。

第五十条 房屋拆除应当由具备保证安全条件的建筑施工单位承担，由建筑施工单位负责人对安全负责。

第五十一条 施工中发生事故时，建筑施工企业应当采取紧急措施减少人员伤亡和事故损失，并按照国家有关规定及时向有关部门报告。

第六章 建筑工程质量管理

第五十二条 建筑工程勘察、设计、施工的质量必须符合国家有关建筑工程安全标准的要求，具体管理办法由国务院规定。

有关建筑工程安全的国家标准不能适应确保建筑安全的要求时，应当及时修订。

第五十三条 国家对从事建筑活动的单位推行质量体系认证制度。从事建筑活动的单位根据自愿原则可以向国务院产品质量监督管理部门或者国务院产品质量监督管理部门授权的部门认可的认证机构申请质量体系认证。经认证合格的，由认证机构颁发质量体系认证证书。

第五十四条 建设单位不得以任何理由，要求建筑设计单位或者建筑施工企业在工程设计或者施工作业中，违反法律、行政法规和建筑工程质量、安全标准，降低工程质量。

建筑设计单位和建筑施工企业对建设单位违反前款规定提出的降低工程质量的要求，应当予以拒绝。

第五十五条 建筑工程实行总承包的，工程质量由工程总承包单位负责，总承包单位将建筑工程分包给其他单位的，应当对分包工程的质量与分包单位承担连带责任。分包单位应当接受总承包单位的质量管理。

第五十六条 建筑工程的勘察、设计单位必须对其勘察、设计的质量负责。勘察、设计文件应当符合有关法律、行政法规的规定和建筑工程质量、安全标准、建筑工程勘察、设计技术规范以及合同的约定。设计文件选用的建筑材料、建筑构配件和设备，应当注明其规格、型号、性能等技术指标，其质量要求必须符合国家规定的标准。

第五十七条 建筑设计单位对设计文件选用的建筑材料、建筑构配件和设备，不得指定生产厂、供应商。

第五十八条 建筑施工企业对工程的施工质量负责。

建筑施工企业必须按照工程设计图纸和施工技术标准施工，不得偷工减料。工程设计的修改由原设计单位负责，建筑施工企业不得擅自修改工程设计。

第五十九条 建筑施工企业必须按照工程设计要求、施工技术标准和合同的约定，对建筑材料、建筑构配件和设备进行检验，不合格的不得使用。

第六十条 建筑物在合理使用寿命内，必须确保地基基础工程和主体结构的质量。

建筑工程竣工时，屋顶、墙面不得留有渗漏、开裂等质量缺陷；对已发现的质量缺陷，建筑施工企业应当修复。

第六十一条 交付竣工验收的建筑工程，必须符合规定的建筑工程质量标准，有完整的工程技术经济资料和经签署的工程保修书，并具备国家规定的其他竣工条件。建筑工程竣工经验收合格后，方可交付使用；未经验收或者验收不合格的，不得交付使用。

第六十二条 建筑工程实行质量保修制度。

建筑工程的保修范围应当包括地基基础工程、主体结构工程、屋面防水工程和其他土建工程，以及电气管线、上下水管线的安装工程，供热、供冷系统工程等项目；保修的期限应当按照保证建筑物合理寿命年限内正常使用，维护使用者合法权益的原则确定。具体的保修范围和最低保修期限由国务院规定。

第六十三条 任何单位和个人对建筑工程的质量事故、质量缺陷都有权向建设行政主管部门或者其他有关部门进行检举、控告、投诉。

第七章 法 律 责 任

第六十四条 违反本法规定，未取得施工许可证或者开工报告未经批准擅自施工的，责令改正，对不符合开工条件的责令停止施工，可以处以罚款。

第六十五条 发包单位将工程发包给不具有相应资质条件的承包单位的，或者违反本法规定将建筑工程肢解发包的，责令改正，处以罚款。

超越本单位资质等级承揽工程的，责令停止违法行为，处以罚款，可以责令停业整顿，降低资质等级；情节严重的，吊销资质证书；有违法所得的，予以没收。

未取得资质证书承揽工程的，予以取缔，并处罚款；有违法所得的，予以没收。

以欺骗手段取得资质证书的，吊销资质证书，处以罚款；构成犯罪的，依法追究刑事责任。

第六十六条 建筑施工企业转让、出借资质证书或者以其他方式允许他人以本企业的名义承揽工程的，责令改正，没收违法所得，并处罚款，可以责令停业整顿，降低资质等级；情节严重的，吊销资质证书。对因该项承揽工程不符合规定的质量标准造成的损失，建筑施工企业与使用本企业名义的单位或者个人承担连带赔偿责任。

第六十七条 承包单位将承包的工程转包的，或者违反本法规定进行分包的，责令改正，没收违法所得，并处罚款，可以责令停业整顿，降低资质等级；情节严重的，吊销资质证书。

承包单位有前款规定的违法行为的，对因转包工程或者违法分包的工程不符合规定的质量标准造成的损失，与接受转包或者分包的单位承担连带赔偿责任。

第六十八条 在工程发包与承包中索贿、受贿、行贿，构成犯罪的，依法追究刑事责任；不构成犯罪的，分别处以罚款，没收贿赂的财物，对直接负责的主管人员和其他直接责任人员给予处分。

对在工程承包中行贿的承包单位，除依照前款规定处罚外，可以责令停业整顿，降低资质等级或者吊销资质证书。

第六十九条 工程监理单位与建设单位或者建筑施工企业串通，弄虚作假、降低工程质量的，责令改正，处以罚款，降低资质等级或者吊销资质证书；有违法所得的，予以没收；造成损失的，承担连带赔偿责任；构成犯罪的，依法追究刑事责任。

工程监理单位转让监理业务的，责令改正，没收违法所得，可以责令停业整顿，降低资质等级；情节严重的，吊销资质证书。

第七十条 违反本法规定，涉及建筑主体或者承重结构变动的装修工程擅自施工的，责令改正，处以罚款；造成损失的，承担赔偿责任；构成犯罪的，依法追究刑事责任。

第七十一条 建筑施工企业违反本法规定，对建筑安全事故隐患不采取措施予以消除的，责令改正，可以处以罚款；情节严重的，责令停业整顿，降低资质等级或者吊销资质证书；构成犯罪的，依法追究刑事责任。

建筑施工企业的管理人员违章指挥、强令职工冒险作业，因而发生重大伤亡事故或者造成其他严重后果的，依法追究刑事责任。

第七十二条 建设单位违反本法规定，要求建筑设计单位或者建筑施工企业违反建筑工程质量、安全标准，降低工程质量的，责令改正，可以处以罚款；构成犯罪的，依法追究刑事责任。

第七十三条 建筑设计单位不按照建筑工程质量、安全标准进行设计的，责令改正，处以罚款；造成工程质量事故的，责令停业整顿，降低资质等级或者吊销资质证书，没收违法所得，并处罚款；造成损失的，承担赔偿责任；构成犯罪的，依法追究刑事责任。

第七十四条 建筑施工企业在施工中偷工减料的，使用不合格的建筑材料、建筑构配件和设备的，或者有其他不按照工程设计图纸或者施工技术标准施工的行为的，责令改正，处以罚款；情节严重的，责令停业整顿，降低资质等级或者吊销资质证书；造成建筑工程质量不符合规定的质量标准的，负责返工、修理，并赔偿因此造成的损失；构成犯罪的，依法追究刑事责任。

第七十五条 建筑施工企业违反本法规定，不履行保修义务或者拖延履行保修义务的，责令改正，可以处以罚款，并对在保修期内因屋顶、墙面渗漏、开裂等质量缺陷造成的损失，承担赔偿责任。

第七十六条 本法规定的责令停业整顿、降低资质等级和吊销资质证书的行政处罚，由颁发资质证书的机关决定；其他行政处罚，由建设行政主管部门或者有关部门依照法律和国务院规定的职权范围决定。

依照本法规定被吊销资质证书的，由工商行政管理部门吊销其营业执照。

第七十七条 违反本法规定，对不具备相应资质等级条件的单位颁发该等级资质证书的，由其上级机关责令收回所发的资质证书，对直接负责的主管人员和其他直接人员给予行政处分；构成犯罪的，依法追究刑事责任。

第七十八条 政府及其所属部门的工作人员违反本法规定，限定发包单位将招标发包的工程发包给指定的承包单位的，由上级机关责令改正；构成犯罪的，依法追究刑事责任。

第七十九条 负责颁发建筑工程施工许可证的部门及其工作人员对不符合施工条件的建筑工程颁发施工许可证的，负责工程质量监督检查或者竣工验收的部门及其工作人员对不合格的建筑工程出具质量合格文件或者按合格工程验收的，由上级机关责令改正，对责任人员给予行政处分；构成犯罪的，依法追究刑事责任；造成损失的，由该部门承担相应的赔偿责任。

第八十条 在建筑物的合理使用寿命内，因建筑工程质量不合格受到损害的，有权向责任者要求赔偿。

第八章 附 则

第八十一条 本法关于施工许可、建筑施工企业资质审查和建筑工程发包、承包、禁止转包，以及建筑工程监理、建筑工程安全和质量管理的规定，适用于其他专业建筑工程的建筑活动，具体办法由国务院规定。

第八十二条 建设行政主管部门和其他有关部门在对建筑活动实施监督管理中，除按照国务院有关规定收取费用外，不得收取其他费用。

第八十三条 省、自治区、直辖市人民政府确定的小型房屋建筑工程的建筑活动，参照本法执行。

依法核定作为文物保护的纪念建筑物和古建筑等的修缮，依照文物保护的有关法律规定执行。

抢险救灾及其他临时性房屋建筑和农民自建低层住宅的建筑活动，不适用本法。

第八十四条 军用房屋建筑工程建筑活动的具体管理办法，由国务院、中央军事委员会依据本法制定。

第八十五条 本法自1998年3月1日起施行。

中华人民共和国安全生产法

中华人民共和国主席令

第70号

《中华人民共和国安全生产法》已由中华人民共和国第九届全国人民代表大会常务委员会第二十八次会议于2002年6月29日通过，现予公布，自2002年11月1日起施行。

中华人民共和国主席　江泽民

2002年6月29日

中华人民共和国安全生产法

第一章　总　　则

第一条　为了加强安全生产监督管理，防止和减少生产安全事故，保障人民群众生命和财产安全，促进经济发展，制定本法。

第二条　在中华人民共和国领域内从事生产经营活动的单位（以下统称生产经营单位）的安全生产，适用本法；有关法律、行政法规对消防安全和道路交通安全、铁路交通安全、水上交通安全、民用航空安全另有规定的，适用其规定。

第三条　安全生产管理，坚持安全第一、预防为主的方针。

第四条　生产经营单位必须遵守本法和其他有关安全生产的法律、法规，加强安全生产管理，建立、健全安全生产责任制度，完善安全生产条件，确保安全生产。

第五条　生产经营单位的主要负责人对本单位的安全生产工作全面负责。

第六条　生产经营单位的从业人员有依法获得安全生产保障的权利，并应当依法履行安全生产方面的义务。

第七条　工会依法组织职工参加本单位安全生产工作的民主管理和民主监督，维护职工在安全生产方面的合法权益。

第八条　国务院和地方各级人民政府应当加强对安全生产工作的领导，支持、督促各有关部门依法履行安全生产监督管理职责。

县级以上人民政府对安全生产监督管理中存在的重大问题应当及时予以协调、解决。

第九条　国务院负责安全生产监督管理的部门依照本法，对全国安全生产工作实施综合监督管理；县级以上地方各级人民政府负责安全生产监督管理的部门依照本法，对本行政区域内安全生产工作实施综合监督管理。

国务院有关部门依照本法和其他有关法律、行政法规的规定，在各自的职责范围内对有关的安全生产工作实施监督管理；县级以上地方各级人民政府有关部门依照本法和其他有关法律、法规的规定，在各自的职责范围内对有关的安全生产工作实施监督管理。

第十条　国务院有关部门应当按照保障安全生产的要求，依法及时制定有关的国家标准或者行业标准，并根据科技进步和经济发展适时修订。

生产经营单位必须执行依法制定的保障安全生产的国家标准或者行业标准。

第十一条 各级人民政府及其有关部门应当采取多种形式，加强对有关安全生产的法律、法规和安全生产知识的宣传，提高职工的安全生产意识。

第十二条 依法设立的为安全生产提供技术服务的中介机构，依照法律、行政法规和执业准则，接受生产经营单位的委托为其安全生产工作提供技术服务。

第十三条 国家实行生产安全事故责任追究制度，依照本法和有关法律、法规的规定，追究生产安全事故责任人员的法律责任。

第十四条 国家鼓励和支持安全生产科学技术研究和安全生产先进技术的推广应用，提高安全生产水平。

第十五条 国家对在改善安全生产条件、防止生产安全事故、参加抢险救护等方面取得显著成绩的单位和个人，给予奖励。

第二章 生产经营单位的安全生产保障

第十六条 生产经营单位应当具备本法和有关法律、行政法规和国家标准或者行业标准规定的安全生产条件；不具备安全生产条件的，不得从事生产经营活动。

第十七条 生产经营单位的主要负责人对本单位安全生产工作负有下列职责：

（一）建立、健全本单位安全生产责任制；

（二）组织制定本单位安全生产规章制度和操作规程；

（三）保证本单位安全生产投入的有效实施；

（四）督促、检查本单位的安全生产工作，及时消除生产安全事故隐患；

（五）组织制定并实施本单位的生产安全事故应急救援预案；

（六）及时、如实报告生产安全事故。

第十八条 生产经营单位应当具备的安全生产条件所必需的资金投入，由生产经营单位的决策机构、主要负责人或者个人经营的投资人予以保证，并对由于安全生产所必需的资金投入不足导致的后果承担责任。

第十九条 矿山、建筑施工单位和危险物品的生产、经营、储存单位，应当设置安全生产管理机构或者配备专职安全生产管理人员。

前款规定以外的其他生产经营单位，从业人员超过300人的，应当设置安全生产管理机构或者配备专职安全生产管理人员；从业人员在300人以下的，应当配备专职或者兼职的安全生产管理人员，或者委托具有国家规定的相关专业技术资格的工程技术人员提供安全生产管理服务。

生产经营单位依照前款规定委托工程技术人员提供安全生产管理服务的，保证安全生产的责任仍由本单位负责。

第二十条 生产经营单位的主要负责人和安全生产管理人员必须具备与本单位所从事的生产经营活动相应的安全生产知识和管理能力。

危险物品的生产、经营、储存单位以及矿山、建筑施工单位的主要负责人和安全生产管理人员，应当由有关主管部门对其安全生产知识和管理能力考核合格后方可任职。考核不得收费。

第二十一条 生产经营单位应当对从业人员进行安全生产教育和培训,保证从业人员具备必要的安全生产知识,熟悉有关的安全生产规章制度和安全操作规程,掌握本岗位的安全操作技能。未经安全生产教育和培训合格的从业人员，不得上岗作业。

第二十二条 生产经营单位采用新工艺、新技术、新材料或者使用新设备，必须了解、掌握其安全技术特性,采取有效的安全防护措施,并对从业人员进行专门的安全生产教育和培训。

第二十三条 生产经营单位的特种作业人员必须按照国家有关规定经专门的安全作业培训，取得特种作业操作资格证书，方可上岗作业。

特种作业人员的范围由国务院负责安全生产监督管理的部门会同国务院有关部门确定。

第二十四条 生产经营单位新建、改建、扩建工程项目（以下统称建设项目）的安全设施，必须与主体工程同时设计、同时施工、同时投入生产和使用。安全设施投资应当纳入建设项目概算。

第二十五条 矿山建设项目和用于生产、储存危险物品的建设项目,应当分别按照国家有关规定进行安全条件论证和安全评价。

第二十六条 建设项目安全设施的设计人、设计单位应当对安全设施设计负责。

矿山建设项目和用于生产、储存危险物品的建设项目的安全设施设计应当按照国家有关规定报经有关部门审查，审查部门及其负责审查的人员对审查结果负责。

第二十七条 矿山建设项目和用于生产、储存危险物品的建设项目的施工单位必须按照批准的安全设施设计施工，并对安全设施的工程质量负责。

矿山建设项目和用于生产、储存危险物品的建设项目竣工投入生产或者使用前,必须依照有关法律、行政法规的规定对安全设施进行验收；验收合格后，方可投入生产和使用。验收部门及其验收人员对验收结果负责。

第二十八条 生产经营单位应当在有较大危险因素的生产经营场所和有关设施、设备上，设置明显的安全警示标志。

第二十九条 安全设备的设计、制造、安装、使用、检测、维修、改造和报废，应当符合国家标准或者行业标准。

生产经营单位必须对安全设备进行经常性维护、保养，并定期检测，保证正常运转。维护、保养、检测应当作好记录，并由有关人员签字。

第三十条 生产经营单位使用的涉及生命安全、危险性较大的特种设备,以及危险物品的容器、运输工具，必须按照国家有关规定，由专业生产单位生产，并经取得专业资质的检测、检验机构检测、检验合格，取得安全使用证或者安全标志，方可投入使用。检测、检验机构对检测、检验结果负责。

涉及生命安全、危险性较大的特种设备的目录由国务院负责特种设备安全监督管理的部门制定，报国务院批准后执行。

第三十一条 国家对严重危及生产安全的工艺、设备实行淘汰制度。

生产经营单位不得使用国家明令淘汰、禁止使用的危及生产安全的工艺、设备。

第三十二条 生产、经营、运输、储存、使用危险物品或者处置废弃危险物品的，由有关主管部门依照有关法律、法规的规定和国家标准或者行业标准审批并实施监督管理。

生产经营单位生产、经营、运输、储存、使用危险物品或者处置废弃危险物品，必须执行有关法律、法规和国家标准或者行业标准，建立专门的安全管理制度，采取可靠的安全措施，接受有关主管部门依法实施的监督管理。

第三十三条 生产经营单位对重大危险源应当登记建档，进行定期检测、评估、监控，并制定应急预案，告知从业人员和相关人员在紧急情况下应当采取的应急措施。

生产经营单位应当按照国家有关规定将本单位重大危险源及有关安全措施、应急措施报有关地方人民政府负责安全生产监督管理的部门和有关部门备案。

第三十四条 生产、经营、储存、使用危险物品的车间、商店、仓库不得与员工宿舍在同一座建筑物内，并应当与员工宿舍保持安全距离。

生产经营场所和员工宿舍应当设有符合紧急疏散要求、标志明显、保持畅通的出口。禁止封闭、堵塞生产经营场所或者员工宿舍的出口。

第三十五条 生产经营单位进行爆破、吊装等危险作业，应当安排专门人员进行现场安全管理，确保操作规程的遵守和安全措施的落实。

第三十六条 生产经营单位应当教育和督促从业人员严格执行本单位的安全生产规章制度和安全操作规程；并向从业人员如实告知作业场所和工作岗位存在的危险因素、防范措施以及事故应急措施。

第三十七条 生产经营单位必须为从业人员提供符合国家标准或者行业标准的劳动防护用品，并监督、教育从业人员按照使用规则佩戴、使用。

第三十八条 生产经营单位的安全生产管理人员应当根据本单位的生产经营特点，对安全生产状况进行经常性检查；对检查中发现的安全问题，应当立即处理；不能处理的，应当及时报告本单位有关负责人。检查及处理情况应当记录在案。

第三十九条 生产经营单位应当安排用于配备劳动防护用品、进行安全生产培训的经费。

第四十条 两个以上生产经营单位在同一作业区域内进行生产经营活动，可能危及对方生产安全的，应当签订安全生产管理协议，明确各自的安全生产管理职责和应当采取的安全措施，并指定专职安全生产管理人员进行安全检查与协调。

第四十一条 生产经营单位不得将生产经营项目、场所、设备发包或者出租给不具备安全生产条件或者相应资质的单位或者个人。

生产经营项目、场所有多个承包单位、承租单位的，生产经营单位应当与承包单位、承租单位签订专门的安全生产管理协议，或者在承包合同、租赁合同中约定各自的安全生产管理职责；生产经营单位对承包单位、承租单位的安全生产工作统一协调、管理。

第四十二条 生产经营单位发生重大生产安全事故时，单位的主要负责人应当立即组织抢救，并不得在事故调查处理期间擅离职守。

第四十三条 生产经营单位必须依法参加工伤社会保险，为从业人员缴纳保险费。

第三章 从业人员的权利和义务

第四十四条 生产经营单位与从业人员订立的劳动合同，应当载明有关保障从业人员劳动安全、防止职业危害的事项，以及依法为从业人员办理工伤社会保险的事项。

生产经营单位不得以任何形式与从业人员订立协议，免除或者减轻其对从业人员因生产安全事故伤亡依法应承担的责任。

第四十五条 生产经营单位的从业人员有权了解其作业场所和工作岗位存在的危险因素、防范措施及事故应急措施，有权对本单位的安全生产工作提出建议。

第四十六条 从业人员有权对本单位安全生产工作中存在的问题提出批评、检举、控告；有权拒绝违章指挥和强令冒险作业。

生产经营单位不得因从业人员对本单位安全生产工作提出批评、检举、控告或者拒绝违章指挥、强令冒险作业而降低其工资、福利等待遇或者解除与其订立的劳动合同。

第四十七条 从业人员发现直接危及人身安全的紧急情况时，有权停止作业或者在采取可能的应急措施后撤离作业场所。

生产经营单位不得因从业人员在前款紧急情况下停止作业或者采取紧急撤离措施而降低其工资、福利等待遇或者解除与其订立的劳动合同。

第四十八条 因生产安全事故受到损害的从业人员，除依法享有工伤社会保险外，依照有关民事法律尚有获得赔偿的权利的，有权向本单位提出赔偿要求。

第四十九条 从业人员在作业过程中，应当严格遵守本单位的安全生产规章制度和操作规程，服从管理，正确佩戴和使用劳动防护用品。

第五十条 从业人员应当接受安全生产教育和培训，掌握本职工作所需的安全生产知识，提高安全生产技能，增强事故预防和应急处理能力。

第五十一条 从业人员发现事故隐患或者其他不安全因素，应当立即向现场安全生产管理人员或者本单位负责人报告；接到报告的人员应当及时予以处理。

第五十二条 工会有权对建设项目的安全设施与主体工程同时设计、同时施工、同时投入生产和使用进行监督，提出意见。

工会对生产经营单位违反安全生产法律、法规，侵犯从业人员合法权益的行为，有权要求纠正；发现生产经营单位违章指挥、强令冒险作业或者发现事故隐患时，有权提出解决的建议，生产经营单位应当及时研究答复；发现危及从业人员生命安全的情况时，有权向生产经营单位建议组织从业人员撤离危险场所，生产经营单位必须立即作出处理。

工会有权依法参加事故调查，向有关部门提出处理意见，并要求追究有关人员的责任。

第四章 安全生产的监督管理

第五十三条 县级以上地方各级人民政府应当根据本行政区域内的安全生产状况，组织有关部门按照职责分工，对本行政区域内容易发生重大生产安全事故的生产经营单位进行严格检查；发现事故隐患，应当及时处理。

第五十四条 依照本法第九条规定对安全生产负有监督管理职责的部门(以下统称负有安全生产监督管理职责的部门）依照有关法律、法规的规定，对涉及安全生产的事项需要审查批准（包括批准、核准、许可、注册、认证、颁发证照等，下同）或者验收的，必须严格依照有关法律、法规和国家标准或者行业标准规定的安全生产条件和程序进行审查；不符合有关法律、法规和国家标准或者行业标准规定的安全生产条件的，不得批准或者验收通过。对未依法取得批准或者验收合格的单位擅自从事有关活动的，负责行政审批的部门发现或者接到举报后应当立即予以取缔，并依法予以处理。对已经依法取得批准的单位，负责行政审批的部门发现其不再具备安全生产条件的，应当撤销原批准。

第五十五条 负有安全生产监督管理职责的部门对涉及安全生产的事项进行审查、验收，不得收取费用；不得要求接受审查、验收的单位购买其指定品牌或者指定生产、销售单位的安全设备、器材或者其他产品。

第五十六条 负有安全生产监督管理职责的部门依法对生产经营单位执行有关安全生产的法律、法规和国家标准或者行业标准的情况进行监督检查，行使以下职权：

（一）进入生产经营单位进行检查，调阅有关资料，向有关单位和人员了解情况。

（二）对检查中发现的安全生产违法行为，当场予以纠正或者要求限期改正；对依法应当给予行政处罚的行为，依照本法和其他有关法律、行政法规的规定作出行政处罚决定。

（三）对检查中发现的事故隐患，应当责令立即排除；重大事故隐患排除前或者排除过程中无法保证安全的，应当责令从危险区域内撤出作业人员，责令暂时停产停业或者停止使用；重大事故隐患排除后，经审查同意，方可恢复生产经营和使用。

（四）对有根据认为不符合保障安全生产的国家标准或者行业标准的设施、设备、器材予以查封或者扣押，并应当在15日内依法作出处理决定。

监督检查不得影响被检查单位的正常生产经营活动。

第五十七条 生产经营单位对负有安全生产监督管理职责的部门的监督检查人员（以下统称安全生产监督检查人员）依法履行监督检查职责，应当予以配合，不得拒绝、阻挠。

第五十八条 安全生产监督检查人员应当忠于职守，坚持原则，秉公执法。

安全生产监督检查人员执行监督检查任务时，必须出示有效的监督执法证件；对涉及被检查单位的技术秘密和业务秘密，应当为其保密。

第五十九条 安全生产监督检查人员应当将检查的时间、地点、内容、发现的问题及其处理情况，作出书面记录，并由检查人员和被检查单位的负责人签字；被检查单位的负责人拒绝签字的，检查人员应当将情况记录在案，并向负有安全生产监督管理职责的部门报告。

第六十条 负有安全生产监督管理职责的部门在监督检查中，应当互相配合，实行联合检查；确需分别进行检查的，应当互通情况，发现存在的安全问题应当由其他有关部门进行处理的，应当及时移送其他有关部门并形成记录备查，接受移送的部门应当及时进行处理。

第六十一条 监察机关依照行政监察法的规定，对负有安全生产监督管理职责的部门及其工作人员履行安全生产监督管理职责实施监察。

第六十二条 承担安全评价、认证、检测、检验的机构应当具备国家规定的资质条件，并对其作出的安全评价、认证、检测、检验的结果负责。

第六十三条 负有安全生产监督管理职责的部门应当建立举报制度，公开举报电话、信箱或者电子邮件地址，受理有关安全生产的举报；受理的举报事项经调查核实后，应当形成书面材料；需要落实整改措施的，报经有关负责人签字并督促落实。

第六十四条 任何单位或者个人对事故隐患或者安全生产违法行为，均有权向负有安全生产监督管理职责的部门报告或者举报。

第六十五条 居民委员会、村民委员会发现其所在区域内的生产经营单位存在事故隐患或者安全生产违法行为时，应当向当地人民政府或者有关部门报告。

第六十六条　县级以上各级人民政府及其有关部门对报告重大事故隐患或者举报安全生产违法行为的有功人员，给予奖励。具体奖励办法由国务院负责安全生产监督管理的部门会同国务院财政部门制定。

第六十七条　新闻、出版、广播、电影、电视等单位有进行安全生产宣传教育的义务，有对违反安全生产法律、法规的行为进行舆论监督的权利。

第五章　生产安全事故的应急救援与调查处理

第六十八条　县级以上地方各级人民政府应当组织有关部门制定本行政区域内特大生产安全事故应急救援预案，建立应急救援体系。

第六十九条　危险物品的生产、经营、储存单位以及矿山、建筑施工单位应当建立应急救援组织；生产经营规模较小，可以不建立应急救援组织的，应当指定兼职的应急救援人员。

危险物品的生产、经营、储存单位以及矿山、建筑施工单位应当配备必要的应急救援器材、设备，并进行经常性维护、保养，保证正常运转。

第七十条　生产经营单位发生生产安全事故后，事故现场有关人员应当立即报告本单位负责人。

单位负责人接到事故报告后，应当迅速采取有效措施，组织抢救，防止事故扩大，减少人员伤亡和财产损失，并按照国家有关规定立即如实报告当地负有安全生产监督管理职责的部门，不得隐瞒不报、谎报或者拖延不报，不得故意破坏事故现场、毁灭有关证据。

第七十一条　负有安全生产监督管理职责的部门接到事故报告后，应当立即按照国家有关规定上报事故情况。负有安全生产监督管理职责的部门和有关地方人民政府对事故情况不得隐瞒不报、谎报或者拖延不报。

第七十二条　有关地方人民政府和负有安全生产监督管理职责的部门的负责人接到重大生产安全事故报告后，应当立即赶到事故现场，组织事故抢救。

任何单位和个人都应当支持、配合事故抢救，并提供一切便利条件。

第七十三条　事故调查处理应当按照实事求是、尊重科学的原则，及时、准确地查清事故原因，查明事故性质和责任，总结事故教训，提出整改措施，并对事故责任者提出处理意见。事故调查和处理的具体办法由国务院制定。

第七十四条　生产经营单位发生生产安全事故，经调查确定为责任事故的，除了应当查明事故单位的责任并依法予以追究外，还应当查明对安全生产的有关事项负有审查批准和监督职责的行政部门的责任，对有失职、渎职行为的，依照本法第七十七条的规定追究法律责任。

第七十五条　任何单位和个人不得阻挠和干涉对事故的依法调查处理。

第七十六条　县级以上地方各级人民政府负责安全生产监督管理的部门应当定期统计分析本行政区域内发生生产安全事故的情况，并定期向社会公布。

第六章　法 律 责 任

第七十七条　负有安全生产监督管理职责的部门的工作人员，有下列行为之一的，给予降级或者撤职的行政处分；构成犯罪的，依照刑法有关规定追究刑事责任：

（一）对不符合法定安全生产条件的涉及安全生产的事项予以批准或者验收通过的；

（二）发现未依法取得批准、验收的单位擅自从事有关活动或者接到举报后不予取缔或者不依法予以处理的；

（三）对已经依法取得批准的单位不履行监督管理职责，发现其不再具备安全生产条件而不撤销原批准或者发现安全生产违法行为不予查处的。

第七十八条 负有安全生产监督管理职责的部门，要求被审查、验收的单位购买其指定的安全设备、器材或者其他产品的，在对安全生产事项的审查、验收中收取费用的，由其上级机关或者监察机关责令改正，责令退还收取的费用；情节严重的，对直接负责的主管人员和其他直接责任人员依法给予行政处分。

第七十九条 承担安全评价、认证、检测、检验工作的机构，出具虚假证明，构成犯罪的，依照刑法有关规定追究刑事责任；尚不够刑事处罚的，没收违法所得，违法所得在五千元以上的，并处违法所得二倍以上五倍以下的罚款，没有违法所得或者违法所得不足五千元的，单处或者并处五千元以上二万元以下的罚款，对其直接负责的主管人员和其他直接责任人员处五千元以上五万元以下的罚款；给他人造成损害的，与生产经营单位承担连带赔偿责任。

对有前款违法行为的机构，撤销其相应资格。

第八十条 生产经营单位的决策机构、主要负责人、个人经营的投资人不依照本法规定保证安全生产所必需的资金投入，致使生产经营单位不具备安全生产条件的，责令限期改正，提供必需的资金；逾期未改正的，责令生产经营单位停产停业整顿。

有前款违法行为，导致发生生产安全事故，构成犯罪的，依照刑法有关规定追究刑事责任；尚不够刑事处罚的，对生产经营单位的主要负责人给予撤职处分，对个人经营的投资人处二万元以上二十万元以下的罚款。

第八十一条 生产经营单位的主要负责人未履行本法规定的安全生产管理职责的，责令限期改正；逾期未改正的，责令生产经营单位停产停业整顿。

生产经营单位的主要负责人有前款违法行为，导致发生生产安全事故，构成犯罪的，依照刑法有关规定追究刑事责任；尚不够刑事处罚的，给予撤职处分或者处二万元以上二十万元以下的罚款。

生产经营单位的主要负责人依照前款规定受刑事处罚或者撤职处分的，自刑罚执行完毕或者受处分之日起，五年内不得担任任何生产经营单位的主要负责人。

第八十二条 生产经营单位有下列行为之一的，责令限期改正；逾期未改正的，责令停产停业整顿，可以并处二万元以下的罚款：

（一）未按照规定设立安全生产管理机构或者配备安全生产管理人员的；

（二）危险物品的生产、经营、储存单位以及矿山、建筑施工单位的主要负责人和安全生产管理人员未按照规定经考核合格的；

（三）未按照本法第二十一条、第二十二条的规定对从业人员进行安全生产教育和培训，或者未按照本法第三十六条的规定如实告知从业人员有关的安全生产事项的；

（四）特种作业人员未按照规定经专门的安全作业培训并取得特种作业操作资格证书，上岗作业的。

第八十三条 生产经营单位有下列行为之一的，责令限期改正；逾期未改正的，责令停止建设或者停产停业整顿，可以并处五万元以下的罚款；造成严重后果，构成犯罪的，依照刑法有关规定追究刑事责任：

（一）矿山建设项目或者用于生产、储存危险物品的建设项目没有安全设施设计或者安全设施设计未按照规定报经有关部门审查同意的；

（二）矿山建设项目或者用于生产、储存危险物品的建设项目的施工单位未按照批准的安全设施设计施工的；

（三）矿山建设项目或者用于生产、储存危险物品的建设项目竣工投入生产或者使用前，安全设施未经验收合格的；

（四）未在有较大危险因素的生产经营场所和有关设施、设备上设置明显的安全警示标志的；

（五）安全设备的安装、使用、检测、改造和报废不符合国家标准或者行业标准的；

（六）未对安全设备进行经常性维护、保养和定期检测的；

（七）未为从业人员提供符合国家标准或者行业标准的劳动防护用品的；

（八）特种设备以及危险物品的容器、运输工具未经取得专业资质的机构检测、检验合格，取得安全使用证或者安全标志，投入使用的；

（九）使用国家明令淘汰、禁止使用的危及生产安全的工艺、设备的。

第八十四条 未经依法批准，擅自生产、经营、储存危险物品的，责令停止违法行为或者予以关闭，没收违法所得，违法所得十万元以上的，并处违法所得一倍以上五倍以下的罚款，没有违法所得或者违法所得不足十万元的，单处或者并处二万元以上十万元以下的罚款；造成严重后果，构成犯罪的，依照刑法有关规定追究刑事责任。

第八十五条 生产经营单位有下列行为之一的，责令限期改正，逾期未改正的，责令停产停业整顿，可以并处二万元以上十万元以下的罚款；造成严重后果，构成犯罪的，依照刑法有关规定追究刑事责任：

（一）生产、经营、储存、使用危险物品，未建立专门安全管理制度、未采取可靠的安全措施或者不接受有关主管部门依法实施的监督管理的；

（二）对重大危险源未登记建档，或者未进行评估、监控，或者未制定应急预案的；

（三）进行爆破、吊装等危险作业，未安排专门管理人员进行现场安全管理的。

第八十六条 生产经营单位将生产经营项目、场所、设备发包或者出租给不具备安全生产条件或者相应资质的单位或者个人的，责令限期改正，没收违法所得；违法所得五万元以上的，并处违法所得一倍以上五倍以下的罚款；没有违法所得或者违法所得不足五万元的，单处或者并处一万元以上五万元以下的罚款；导致发生生产安全事故给他人造成损害的，与承包方、承租方承担连带赔偿责任。

生产经营单位未与承包单位、承租单位签订专门的安全生产管理协议或者未在承包合同、租赁合同中明确各自的安全生产管理职责，或者未对承包单位、承租单位的安全生产统一协调、管理的，责令限期改正；逾期未改正的，责令停产停业整顿。

第八十七条 两个以上生产经营单位在同一作业区域内进行可能危及对方安全生产的生产经营活动，未签订安全生产管理协议或者未指定专职安全生产管理人员进行安全检查与协调的，责令限期改正；逾期未改正的，责令停产停业。

第八十八条 生产经营单位有下列行为之一的，责令限期改正；逾期未改正的，责令停产停业整顿；造成严重后果，构成犯罪的，依照刑法有关规定追究刑事责任：

(一) 生产、经营、储存、使用危险物品的车间、商店、仓库与员工宿舍在同一座建筑内，或者与员工宿舍的距离不符合安全要求的；

(二) 生产经营场所和员工宿舍未设有符合紧急疏散需要、标志明显、保持畅通的出口，或者封闭、堵塞生产经营场所或者员工宿舍出口的。

第八十九条 生产经营单位与从业人员订立协议，免除或者减轻其对从业人员因生产安全事故伤亡依法应承担的责任的，该协议无效；对生产经营单位的主要负责人、个人经营的投资人处二万元以上十万元以下的罚款。

第九十条 生产经营单位的从业人员不服从管理，违反安全生产规章制度或者操作规程的，由生产经营单位给予批评教育，依照有关规章制度给予处分；造成重大事故，构成犯罪的，依照刑法有关规定追究刑事责任。

第九十一条 生产经营单位主要负责人在本单位发生重大生产安全事故时，不立即组织抢救或者在事故调查处理期间擅离职守或者逃匿的，给予降职、撤职的处分，对逃匿的处十五日以下拘留；构成犯罪的，依照刑法有关规定追究刑事责任。

生产经营单位主要负责人对生产安全事故隐瞒不报、谎报或者拖延不报的，依照前款规定处罚。

第九十二条 有关地方人民政府、负有安全生产监督管理职责的部门，对生产安全事故隐瞒不报、谎报或者拖延不报的，对直接负责的主管人员和其他直接责任人员依法给予行政处分；构成犯罪的，依照刑法有关规定追究刑事责任。

第九十三条 生产经营单位不具备本法和其他有关法律、行政法规和国家标准或者行业标准规定的安全生产条件，经停产停业整顿仍不具备安全生产条件的，予以关闭；有关部门应当依法吊销其有关证照。

第九十四条 本法规定的行政处罚，由负责安全生产监督管理的部门决定；予以关闭的行政处罚由负责安全生产监督管理的部门报请县级以上人民政府按照国务院规定的权限决定；给予拘留的行政处罚由公安机关依照治安管理处罚条例的规定决定。有关法律、行政法规对行政处罚的决定机关另有规定的，依照其规定。

第九十五条 生产经营单位发生生产安全事故造成人员伤亡、他人财产损失的，应当依法承担赔偿责任；拒不承担或者其负责人逃匿的，由人民法院依法强制执行。

生产安全事故的责任人未依法承担赔偿责任，经人民法院依法采取执行措施后，仍不能对受害人给予足额赔偿的，应当继续履行赔偿义务；受害人发现责任人有其他财产的，可以随时请求人民法院执行。

第七章　附　　则

第九十六条 本法下列用语的含义：

危险物品，是指易燃易爆物品、危险化学品、放射性物品等能够危及人身安全和财产安全的物品。

重大危险源，是指长期地或者临时地生产、搬运、使用或者储存危险物品，且危险物品的数量等于或者超过临界量的单元（包括场所和设施）。

第九十七条 本法自2002年11月1日起施行。

建设工程安全生产管理条例

中华人民共和国国务院令

第393号

《建设工程安全生产管理条例》已经2003年11月12日国务院第28次常务会议通过，现予公布，自2004年2月1日起施行。

总理　温家宝

二〇〇三年十一月二十四日

建设工程安全生产管理条例

第一章　总　　则

第一条　为了加强建设工程安全生产监督管理，保障人民群众生命和财产安全，根据《中华人民共和国建筑法》、《中华人民共和国安全生产法》，制定本条例。

第二条　在中华人民共和国境内从事建设工程的新建、扩建、改建和拆除等有关活动及实施对建设工程安全生产的监督管理，必须遵守本条例。

本条例所称建设工程，是指土木工程、建筑工程、线路管道和设备安装工程及装修工程。

第三条　建设工程安全生产管理，坚持安全第一、预防为主的方针。

第四条　建设单位、勘察单位、设计单位、施工单位、工程监理单位及其他与建设工程安全生产有关的单位，必须遵守安全生产法律、法规的规定，保证建设工程安全生产，依法承担建设工程安全生产责任。

第五条　国家鼓励建设工程安全生产的科学技术研究和先进技术的推广应用，推进建设工程安全生产的科学管理。

第二章　建设单位的安全责任

第六条　建设单位应当向施工单位提供施工现场及毗邻区域内供水、排水、供电、供气、供热、通信、广播电视等地下管线资料，气象和水文观测资料，相邻建筑物和构筑物、地下工程的有关资料，并保证资料的真实、准确、完整。

建设单位因建设工程需要，向有关部门或者单位查询前款规定的资料时，有关部门或者单位应当及时提供。

第七条　建设单位不得对勘察、设计、施工、工程监理等单位提出不符合建设工程安全生产法律、法规和强制性标准规定的要求，不得压缩合同约定的工期。

第八条　建设单位在编制工程概算时，应当确定建设工程安全作业环境及安全施工措施所需费用。

第九条　建设单位不得明示或者暗示施工单位购买、租赁、使用不符合安全施工要求的安全防护用具、机械设备、施工机具及配件、消防设施和器材。

第十条 建设单位在申请领取施工许可证时,应当提供建设工程有关安全施工措施的资料。

依法批准开工报告的建设工程，建设单位应当自开工报告批准之日起15日内，将保证安全施工的措施报送建设工程所在地的县级以上地方人民政府建设行政主管部门或者其他有关部门备案。

第十一条 建设单位应当将拆除工程发包给具有相应资质等级的施工单位。

建设单位应当在拆除工程施工15日前，将下列资料报送建设工程所在地的县级以上地方人民政府建设行政主管部门或者其他有关部门备案：

（一）施工单位资质等级证明；

（二）拟拆除建筑物、构筑物及可能危及毗邻建筑的说明；

（三）拆除施工组织方案；

（四）堆放、清除废弃物的措施。

实施爆破作业的，应当遵守国家有关民用爆炸物品管理的规定。

第三章 勘察、设计、工程监理及其他有关单位的安全责任

第十二条 勘察单位应当按照法律、法规和工程建设强制性标准进行勘察,提供的勘察文件应当真实、准确，满足建设工程安全生产的需要。

勘察单位在勘察作业时,应当严格执行操作规程,采取措施保证各类管线、设施和周边建筑物、构筑物的安全。

第十三条 设计单位应当按照法律、法规和工程建设强制性标准进行设计,防止因设计不合理导致生产安全事故的发生。

设计单位应当考虑施工安全操作和防护的需要,对涉及施工安全的重点部位和环节在设计文件中注明，并对防范生产安全事故提出指导意见。

采用新结构、新材料、新工艺的建设工程和特殊结构的建设工程，设计单位应当在设计中提出保障施工作业人员安全和预防生产安全事故的措施建议。

设计单位和注册建筑师等注册执业人员应当对其设计负责。

第十四条 工程监理单位应当审查施工组织设计中的安全技术措施或者专项施工方案是否符合工程建设强制性标准。

工程监理单位在实施监理过程中，发现存在安全事故隐患的，应当要求施工单位整改；情况严重的,应当要求施工单位暂时停止施工,并及时报告建设单位。施工单位拒不整改或者不停止施工的，工程监理单位应当及时向有关主管部门报告。

工程监理单位和监理工程师应当按照法律、法规和工程建设强制性标准实施监理,并对建设工程安全生产承担监理责任。

第十五条 为建设工程提供机械设备和配件的单位,应当按照安全施工的要求配备齐全有效的保险、限位等安全设施和装置。

第十六条 出租的机械设备和施工机具及配件，应当具有生产（制造）许可证、产品合格证。

出租单位应当对出租的机械设备和施工机具及配件的安全性能进行检测,在签订租赁协议时，应当出具检测合格证明。

禁止出租检测不合格的机械设备和施工机具及配件。

第十七条 在施工现场安装、拆卸施工起重机械和整体提升脚手架、模板等自升式架设设施，必须由具有相应资质的单位承担。

安装、拆卸施工起重机械和整体提升脚手架、模板等自升式架设设施，应当编制拆装方案、制定安全施工措施，并由专业技术人员现场监督。

施工起重机械和整体提升脚手架、模板等自升式架设设施安装完毕后，安装单位应当自检，出具自检合格证明，并向施工单位进行安全使用说明，办理验收手续并签字。

第十八条 施工起重机械和整体提升脚手架、模板等自升式架设设施的使用达到国家规定的检验检测期限的，必须经具有专业资质的检验检测机构检测。经检测不合格的，不得继续使用。

第十九条 检验检测机构对检测合格的施工起重机械和整体提升脚手架、模板等自升式架设设施，应当出具安全合格证明文件，并对检测结果负责。

第四章 施工单位的安全责任

第二十条 施工单位从事建设工程的新建、扩建、改建和拆除等活动，应当具备国家规定的注册资本、专业技术人员、技术装备和安全生产等条件，依法取得相应等级的资质证书，并在其资质等级许可的范围内承揽工程。

第二十一条 施工单位主要负责人依法对本单位的安全生产工作全面负责。施工单位应当建立健全安全生产责任制度和安全生产教育培训制度，制定安全生产规章制度和操作规程，保证本单位安全生产条件所需资金的投入，对所承担的建设工程进行定期和专项安全检查，并做好安全检查记录。

施工单位的项目负责人应当由取得相应执业资格的人员担任，对建设工程项目的安全施工负责，落实安全生产责任制度、安全生产规章制度和操作规程，确保安全生产费用的有效使用，并根据工程的特点组织制定安全施工措施，消除安全事故隐患，及时、如实报告生产安全事故。

第二十二条 施工单位对列入建设工程概算的安全作业环境及安全施工措施所需费用，应当用于施工安全防护用具及设施的采购和更新、安全施工措施的落实、安全生产条件的改善，不得挪作他用。

第二十三条 施工单位应当设立安全生产管理机构，配备专职安全生产管理人员。

专职安全生产管理人员负责对安全生产进行现场监督检查。发现安全事故隐患，应当及时向项目负责人和安全生产管理机构报告；对违章指挥、违章操作的，应当立即制止。

专职安全生产管理人员的配备办法由国务院建设行政主管部门会同国务院其他有关部门制定。

第二十四条 建设工程实行施工总承包的，由总承包单位对施工现场的安全生产负总责。

总承包单位应当自行完成建设工程主体结构的施工。

总承包单位依法将建设工程分包给其他单位的，分包合同中应当明确各自的安全生产方面的权利、义务。总承包单位和分包单位对分包工程的安全生产承担连带责任。

分包单位应当服从总承包单位的安全生产管理，分包单位不服从管理导致生产安全事故的，由分包单位承担主要责任。

第二十五条 垂直运输机械作业人员、安装拆卸工、爆破作业人员、起重信号工、登高架设作业人员等特种作业人员，必须按照国家有关规定经过专门的安全作业培训，并取得特种作业操作资格证书后，方可上岗作业。

第二十六条 施工单位应当在施工组织设计中编制安全技术措施和施工现场临时用电方案，对下列达到一定规模的危险性较大的分部分项工程编制专项施工方案，并附具安全验算结果，经施工单位技术负责人、总监理工程师签字后实施，由专职安全生产管理人员进行现场监督：

（一）基坑支护与降水工程；

（二）土方开挖工程；

（三）模板工程；

（四）起重吊装工程；

（五）脚手架工程；

（六）拆除、爆破工程；

（七）国务院建设行政主管部门或者其他有关部门规定的其他危险性较大的工程。

对前款所列工程中涉及深基坑、地下暗挖工程、高大模板工程的专项施工方案，施工单位还应当组织专家进行论证、审查。

本条第一款规定的达到一定规模的危险性较大工程的标准，由国务院建设行政主管部门会同国务院其他有关部门制定。

第二十七条 建设工程施工前，施工单位负责项目管理的技术人员应当对有关安全施工的技术要求向施工作业班组、作业人员作出详细说明，并由双方签字确认。

第二十八条 施工单位应当在施工现场入口处、施工起重机械、临时用电设施、脚手架、出入通道口、楼梯口、电梯井口、孔洞口、桥梁口、隧道口、基坑边沿、爆破物及有害危险气体和液体存放处等危险部位，设置明显的安全警示标志。安全警示标志必须符合国家标准。

施工单位应当根据不同施工阶段和周围环境及季节、气候的变化，在施工现场采取相应的安全施工措施。施工现场暂时停止施工的，施工单位应当做好现场防护，所需费用由责任方承担，或者按照合同约定执行。

第二十九条 施工单位应当将施工现场的办公、生活区与作业区分开设置，并保持安全距离；办公、生活区的选址应当符合安全性要求。职工的膳食、饮水、休息场所等应当符合卫生标准。施工单位不得在尚未竣工的建筑物内设置员工集体宿舍。

施工现场临时搭建的建筑物应当符合安全使用要求。施工现场使用的装配式活动房屋应当具有产品合格证。

第三十条 施工单位对因建设工程施工可能造成损害的毗邻建筑物、构筑物和地下管线等，应当采取专项防护措施。

施工单位应当遵守有关环境保护法律、法规的规定，在施工现场采取措施，防止或者减少粉尘、废气、废水、固体废物、噪声、振动和施工照明对人和环境的危害和污染。

在城市市区内的建设工程，施工单位应当对施工现场实行封闭围挡。

第三十一条 施工单位应当在施工现场建立消防安全责任制度，确定消防安全责任人，制定用火、用电、使用易燃易爆材料等各项消防安全管理制度和操作规程，设置消防通道、消防水源，配备消防设施和灭火器材，并在施工现场入口处设置明显标志。

第三十二条 施工单位应当向作业人员提供安全防护用具和安全防护服装，并书面告知危险岗位的操作规程和违章操作的危害。

作业人员有权对施工现场的作业条件、作业程序和作业方式中存在的安全问题提出批评、检举和控告，有权拒绝违章指挥和强令冒险作业。

在施工中发生危及人身安全的紧急情况时，作业人员有权立即停止作业或者在采取必要的应急措施后撤离危险区域。

第三十三条 作业人员应当遵守安全施工的强制性标准、规章制度和操作规程，正确使用安全防护用具、机械设备等。

第三十四条 施工单位采购、租赁的安全防护用具、机械设备、施工机具及配件，应当具有生产（制造）许可证、产品合格证，并在进入施工现场前进行查验。

施工现场的安全防护用具、机械设备、施工机具及配件必须由专人管理，定期进行检查、维修和保养，建立相应的资料档案，并按照国家有关规定及时报废。

第三十五条 施工单位在使用施工起重机械和整体提升脚手架、模板等自升式架设设施前，应当组织有关单位进行验收，也可以委托具有相应资质的检验检测机构进行验收；使用承租的机械设备和施工机具及配件的，由施工总承包单位、分包单位、出租单位和安装单位共同进行验收。验收合格的方可使用。

《特种设备安全监察条例》规定的施工起重机械，在验收前应当经有相应资质的检验检测机构监督检验合格。

施工单位应当自施工起重机械和整体提升脚手架、模板等自升式架设设施验收合格之日起30日内，向建设行政主管部门或者其他有关部门登记。登记标志应当置于或者附着于该设备的显著位置。

第三十六条 施工单位的主要负责人、项目负责人、专职安全生产管理人员应当经建设行政主管部门或者其他有关部门考核合格后方可任职。

施工单位应当对管理人员和作业人员每年至少进行一次安全生产教育培训，其教育培训情况记入个人工作档案。安全生产教育培训考核不合格的人员，不得上岗。

第三十七条 作业人员进入新的岗位或者新的施工现场前，应当接受安全生产教育培训。未经教育培训或者教育培训考核不合格的人员，不得上岗作业。

施工单位在采用新技术、新工艺、新设备、新材料时，应当对作业人员进行相应的安全生产教育培训。

第三十八条 施工单位应当为施工现场从事危险作业的人员办理意外伤害保险。

意外伤害保险费由施工单位支付。实行施工总承包的，由总承包单位支付意外伤害保险费。意外伤害保险期限自建设工程开工之日起至竣工验收合格止。

第五章 监 督 管 理

第三十九条 国务院负责安全生产监督管理的部门依照《中华人民共和国安全生产法》

的规定，对全国建设工程安全生产工作实施综合监督管理。

县级以上地方人民政府负责安全生产监督管理的部门依照《中华人民共和国安全生产法》的规定，对本行政区域内建设工程安全生产工作实施综合监督管理。

第四十条 国务院建设行政主管部门对全国的建设工程安全生产实施监督管理。国务院铁路、交通、水利等有关部门按照国务院规定的职责分工，负责有关专业建设工程安全生产的监督管理。

县级以上地方人民政府建设行政主管部门对本行政区域内的建设工程安全生产实施监督管理。县级以上地方人民政府交通、水利等有关部门在各自的职责范围内，负责本行政区域内的专业建设工程安全生产的监督管理。

第四十一条 建设行政主管部门和其他有关部门应当将本条例第十条、第十一条规定的有关资料的主要内容抄送同级负责安全生产监督管理的部门。

第四十二条 建设行政主管部门在审核发放施工许可证时，应当对建设工程是否有安全施工措施进行审查，对没有安全施工措施的，不得颁发施工许可证。

建设行政主管部门或者其他有关部门对建设工程是否有安全施工措施进行审查时，不得收取费用。

第四十三条 县级以上人民政府负有建设工程安全生产监督管理职责的部门在各自的职责范围内履行安全监督检查职责时，有权采取下列措施：

（一）要求被检查单位提供有关建设工程安全生产的文件和资料；

（二）进入被检查单位施工现场进行检查；

（三）纠正施工中违反安全生产要求的行为；

（四）对检查中发现的安全事故隐患，责令立即排除；重大安全事故隐患排除前或者排除过程中无法保证安全的，责令从危险区域内撤出作业人员或者暂时停止施工。

第四十四条 建设行政主管部门或者其他有关部门可以将施工现场的监督检查委托给建设工程安全监督机构具体实施。

第四十五条 国家对严重危及施工安全的工艺、设备、材料实行淘汰制度。具体目录由国务院建设行政主管部门会同国务院其他有关部门制定并公布。

第四十六条 县级以上人民政府建设行政主管部门和其他有关部门应当及时受理对建设工程生产安全事故及安全事故隐患的检举、控告和投诉。

第六章 生产安全事故的应急救援和调查处理

第四十七条 县级以上地方人民政府建设行政主管部门应当根据本级人民政府的要求，制定本行政区域内建设工程特大生产安全事故应急救援预案。

第四十八条 施工单位应当制定本单位生产安全事故应急救援预案，建立应急救援组织或者配备应急救援人员，配备必要的应急救援器材、设备，并定期组织演练。

第四十九条 施工单位应当根据建设工程施工的特点、范围，对施工现场易发生重大事故的部位、环节进行监控，制定施工现场生产安全事故应急救援预案。实行施工总承包的，由总承包单位统一组织编制建设工程生产安全事故应急救援预案，工程总承包单位和分包单位按照应急救援预案，各自建立应急救援组织或者配备应急救援人员，配备救援器材、设备，并定期组织演练。

第五十条 施工单位发生生产安全事故，应当按照国家有关伤亡事故报告和调查处理的规定，及时、如实地向负责安全生产监督管理的部门、建设行政主管部门或者其他有关部门报告；特种设备发生事故的，还应当同时向特种设备安全监督管理部门报告。接到报告的部门应当按照国家有关规定，如实上报。

实行施工总承包的建设工程，由总承包单位负责上报事故。

第五十一条 发生生产安全事故后，施工单位应当采取措施防止事故扩大，保护事故现场。需要移动现场物品时，应当做出标记和书面记录，妥善保管有关证物。

第五十二条 建设工程生产安全事故的调查、对事故责任单位和责任人的处罚与处理，按照有关法律、法规的规定执行。

第七章 法律责任

第五十三条 违反本条例的规定，县级以上人民政府建设行政主管部门或者其他有关行政管理部门的工作人员，有下列行为之一的，给予降级或者撤职的行政处分；构成犯罪的，依照刑法有关规定追究刑事责任：

（一）对不具备安全生产条件的施工单位颁发资质证书的；

（二）对没有安全施工措施的建设工程颁发施工许可证的；

（三）发现违法行为不予查处的；

（四）不依法履行监督管理职责的其他行为。

第五十四条 违反本条例的规定，建设单位未提供建设工程安全生产作业环境及安全施工措施所需费用的，责令限期改正；逾期未改正的，责令该建设工程停止施工。

建设单位未将保证安全施工的措施或者拆除工程的有关资料报送有关部门备案的，责令限期改正，给予警告。

第五十五条 违反本条例的规定，建设单位有下列行为之一的，责令限期改正，处20万元以上50万元以下的罚款；造成重大安全事故，构成犯罪的，对直接责任人员，依照刑法有关规定追究刑事责任；造成损失的，依法承担赔偿责任：

（一）对勘察、设计、施工、工程监理等单位提出不符合安全生产法律、法规和强制性标准规定的要求的；

（二）要求施工单位压缩合同约定的工期的；

（三）将拆除工程发包给不具有相应资质等级的施工单位的。

第五十六条 违反本条例的规定，勘察单位、设计单位有下列行为之一的，责令限期改正，处10万元以上30万元以下的罚款；情节严重的，责令停业整顿，降低资质等级，直至吊销资质证书；造成重大安全事故，构成犯罪的，对直接责任人员，依照刑法有关规定追究刑事责任；造成损失的，依法承担赔偿责任：

（一）未按照法律、法规和工程建设强制性标准进行勘察、设计的；

（二）采用新结构、新材料、新工艺的建设工程和特殊结构的建设工程，设计单位未在设计中提出保障施工作业人员安全和预防生产安全事故的措施建议的。

第五十七条 违反本条例的规定，工程监理单位有下列行为之一的，责令限期改正；逾期未改正的，责令停业整顿，并处10万元以上30万元以下的罚款；情节严重的，降低资质等级，直至吊销资质证书；造成重大安全事故，构成犯罪的，对直接责任人员，依照刑法有关规定追究刑事责任；造成损失的，依法承担赔偿责任：

（一）未对施工组织设计中的安全技术措施或者专项施工方案进行审查的；

（二）发现安全事故隐患未及时要求施工单位整改或者暂时停止施工的；

（三）施工单位拒不整改或者不停止施工，未及时向有关主管部门报告的；

（四）未依照法律、法规和工程建设强制性标准实施监理的。

第五十八条 注册执业人员未执行法律、法规和工程建设强制性标准的，责令停止执业3个月以上1年以下；情节严重的，吊销执业资格证书，5年内不予注册；造成重大安全事故的，终身不予注册；构成犯罪的，依照刑法有关规定追究刑事责任。

第五十九条 违反本条例的规定，为建设工程提供机械设备和配件的单位，未按照安全施工的要求配备齐全有效的保险、限位等安全设施和装置的，责令限期改正，处合同价款1倍以上3倍以下的罚款；造成损失的，依法承担赔偿责任。

第六十条 违反本条例的规定，出租单位出租未经安全性能检测或者经检测不合格的机械设备和施工机具及配件的，责令停业整顿，并处5万元以上10万元以下的罚款；造成损失的，依法承担赔偿责任。

第六十一条 违反本条例的规定，施工起重机械和整体提升脚手架、模板等自升式架设设施安装、拆卸单位有下列行为之一的，责令限期改正，处5万元以上10万元以下的罚款；情节严重的，责令停业整顿，降低资质等级，直至吊销资质证书；造成损失的，依法承担赔偿责任：

（一）未编制拆装方案、制定安全施工措施的；

（二）未由专业技术人员现场监督的；

（三）未出具自检合格证明或者出具虚假证明的；

（四）未向施工单位进行安全使用说明，办理移交手续的。

施工起重机械和整体提升脚手架、模板等自升式架设设施安装、拆卸单位有前款规定的第（一）项、第（三）项行为，经有关部门或者单位职工提出后，对事故隐患仍不采取措施，因而发生重大伤亡事故或者造成其他严重后果，构成犯罪的，对直接责任人员，依照刑法有关规定追究刑事责任。

第六十二条 违反本条例的规定，施工单位有下列行为之一的，责令限期改正；逾期未改正的，责令停业整顿，依照《中华人民共和国安全生产法》的有关规定处以罚款；造成重大安全事故，构成犯罪的，对直接责任人员，依照刑法有关规定追究刑事责任：

（一）未设立安全生产管理机构、配备专职安全生产管理人员或者分部分项工程施工时无专职安全生产管理人员现场监督的；

（二）施工单位的主要负责人、项目负责人、专职安全生产管理人员、作业人员或者特种作业人员，未经安全教育培训或者经考核不合格即从事相关工作的；

（三）未在施工现场的危险部位设置明显的安全警示标志，或者未按照国家有关规定在施工现场设置消防通道、消防水源、配备消防设施和灭火器材的；

（四）未向作业人员提供安全防护用具和安全防护服装的；

（五）未按照规定在施工起重机械和整体提升脚手架、模板等自升式架设设施验收合格后登记的；

（六）使用国家明令淘汰、禁止使用的危及施工安全的工艺、设备、材料的。

第六十三条 违反本条例的规定，施工单位挪用列入建设工程概算的安全生产作业环境及安全施工措施所需费用的，责令限期改正，处挪用费用20%以上50%以下的罚款；造成损失的，依法承担赔偿责任。

第六十四条 违反本条例的规定，施工单位有下列行为之一的，责令限期改正；逾期未改正的，责令停业整顿，并处5万元以上10万元以下的罚款；造成重大安全事故，构成犯罪的，对直接责任人员，依照刑法有关规定追究刑事责任：

（一）施工前未对有关安全施工的技术要求作出详细说明的；

（二）未根据不同施工阶段和周围环境及季节、气候的变化，在施工现场采取相应的安全施工措施，或者在城市市区内的建设工程的施工现场未实行封闭围挡的；

（三）在尚未竣工的建筑物内设置员工集体宿舍的；

（四）施工现场临时搭建的建筑物不符合安全使用要求的；

（五）未对因建设工程施工可能造成损害的毗邻建筑物、构筑物和地下管线等采取专项防护措施的。

施工单位有前款规定第（四）项、第（五）项行为，造成损失的，依法承担赔偿责任。

第六十五条 违反本条例的规定，施工单位有下列行为之一的，责令限期改正；逾期未改正的，责令停业整顿，并处10万元以上30万元以下的罚款；情节严重的，降低资质等级，直至吊销资质证书；造成重大安全事故，构成犯罪的，对直接责任人员，依照刑法有关规定追究刑事责任；造成损失的，依法承担赔偿责任：

（一）安全防护用具、机械设备、施工机具及配件在进入施工现场前未经查验或者查验不合格即投入使用的；

（二）使用未经验收或者验收不合格的施工起重机械和整体提升脚手架、模板等自升式架设设施的；

（三）委托不具有相应资质的单位承担施工现场安装、拆卸施工起重机械和整体提升脚手架、模板等自升式架设设施的；

（四）在施工组织设计中未编制安全技术措施、施工现场临时用电方案或者专项施工方案的。

第六十六条 违反本条例的规定，施工单位的主要负责人、项目负责人未履行安全生产管理职责的，责令限期改正；逾期未改正的，责令施工单位停业整顿；造成重大安全事故、重大伤亡事故或者其他严重后果，构成犯罪的，依照刑法有关规定追究刑事责任。

作业人员不服管理、违反规章制度和操作规程冒险作业造成重大伤亡事故或者其他严重后果，构成犯罪的，依照刑法有关规定追究刑事责任。

施工单位的主要负责人、项目负责人有前款违法行为，尚不够刑事处罚的，处2万元以上20万元以下的罚款或者按照管理权限给予撤职处分；自刑罚执行完毕或者受处分之日起，5年内不得担任任何施工单位的主要负责人、项目负责人。

第六十七条 施工单位取得资质证书后，降低安全生产条件的，责令限期改正；经整改仍未达到与其资质等级相适应的安全生产条件的，责令停业整顿，降低其资质等级直至吊销资质证书。

第六十八条 本条例规定的行政处罚，由建设行政主管部门或者其他有关部门依照法定职权决定。

违反消防安全管理规定的行为，由公安消防机构依法处罚。

有关法律、行政法规对建设工程安全生产违法行为的行政处罚决定机关另有规定的，从其规定。

第八章 附 则

第六十九条 抢险救灾和农民自建低层住宅的安全生产管理，不适用本条例。

第七十条 军事建设工程的安全生产管理，按照中央军事委员会的有关规定执行。

第七十一条 本条例自2004年2月1日起施行。

安全生产许可证条例

中华人民共和国国务院令

第 397 号

《安全生产许可证条例》已经 2004 年 1 月 7 日国务院第 34 次常务会议通过，现予公布，自公布之日起施行。

总理　温家宝

二〇〇四年一月十三日

安全生产许可证条例

第一条　为了严格规范安全生产条件，进一步加强安全生产监督管理，防止和减少生产安全事故，根据《中华人民共和国安全生产法》的有关规定，制定本条例。

第二条　国家对矿山企业、建筑施工企业和危险化学品、烟花爆竹、民用爆破器材生产企业（以下统称企业）实行安全生产许可制度。

企业未取得安全生产许可证的，不得从事生产活动。

第三条　国务院安全生产监督管理部门负责中央管理的非煤矿矿山企业和危险化学品、烟花爆竹生产企业安全生产许可证的颁发和管理。

省、自治区、直辖市人民政府安全生产监督管理部门负责前款规定以外的非煤矿矿山企业和危险化学品、烟花爆竹生产企业安全生产许可证的颁发和管理，并接受国务院安全生产监督管理部门的指导和监督。

国家煤矿安全监察机构负责中央管理的煤矿企业安全生产许可证的颁发和管理。

在省、自治区、直辖市设立的煤矿安全监察机构负责前款规定以外的其他煤矿企业安全生产许可证的颁发和管理，并接受国家煤矿安全监察机构的指导和监督。

第四条　国务院建设主管部门负责中央管理的建筑施工企业安全生产许可证的颁发和管理。

省、自治区、直辖市人民政府建设主管部门负责前款规定以外的建筑施工企业安全生产许可证的颁发和管理，并接受国务院建设主管部门的指导和监督。

第五条　国务院国防科技工业主管部门负责民用爆破器材生产企业安全生产许可证的颁发和管理。

第六条　企业取得安全生产许可证，应当具备下列安全生产条件：

（一）建立、健全安全生产责任制，制定完备的安全生产规章制度和操作规程；

（二）安全投入符合安全生产要求；

（三）设置安全生产管理机构，配备专职安全生产管理人员；

（四）主要负责人和安全生产管理人员经考核合格；

（五）特种作业人员经有关业务主管部门考核合格，取得特种作业操作资格证书；

（六）从业人员经安全生产教育和培训合格；

（七）依法参加工伤保险，为从业人员缴纳保险费；

（八）厂房、作业场所和安全设施、设备、工艺符合有关安全生产法律、法规、标准和规程的要求；

（九）有职业危害防治措施，并为从业人员配备符合国家标准或者行业标准的劳动防护用品；

（十）依法进行安全评价；

（十一）有重大危险源检测、评估、监控措施和应急预案；

（十二）有生产安全事故应急救援预案、应急救援组织或者应急救援人员，配备必要的应急救援器材、设备；

（十三）法律、法规规定的其他条件。

第七条 企业进行生产前，应当依照本条例的规定向安全生产许可证颁发管理机关申请领取安全生产许可证，并提供本条例第六条规定的相关文件、资料。安全生产许可证颁发管理机关应当自收到申请之日起45日内审查完毕，经审查符合本条例规定的安全生产条件的，颁发安全生产许可证；不符合本条例规定的安全生产条件的，不予颁发安全生产许可证，书面通知企业并说明理由。

煤矿企业应当以矿（井）为单位，在申请领取煤炭生产许可证前，依照本条例的规定取得安全生产许可证。

第八条 安全生产许可证由国务院安全生产监督管理部门规定统一的式样。

第九条 安全生产许可证的有效期为3年。安全生产许可证有效期满需要延期的，企业应当于期满前3个月向原安全生产许可证颁发管理机关办理延期手续。

企业在安全生产许可证有效期内，严格遵守有关安全生产的法律法规，未发生死亡事故的，安全生产许可证有效期届满时，经原安全生产许可证颁发管理机关同意，不再审查，安全生产许可证有效期延期3年。

第十条 安全生产许可证颁发管理机关应当建立、健全安全生产许可证档案管理制度，并定期向社会公布企业取得安全生产许可证的情况。

第十一条 煤矿企业安全生产许可证颁发管理机关、建筑施工企业安全生产许可证颁发管理机关、民用爆破器材生产企业安全生产许可证颁发管理机关，应当每年向同级安全生产监督管理部门通报其安全生产许可证颁发和管理情况。

第十二条 国务院安全生产监督管理部门和省、自治区、直辖市人民政府安全生产监督管理部门对建筑施工企业、民用爆破器材生产企业、煤矿企业取得安全生产许可证的情况进行监督。

第十三条 企业不得转让、冒用安全生产许可证或者使用伪造的安全生产许可证。

第十四条 企业取得安全生产许可证后，不得降低安全生产条件，并应当加强日常安全生产管理，接受安全生产许可证颁发管理机关的监督检查。

安全生产许可证颁发管理机关应当加强对取得安全生产许可证的企业的监督检查，发现其不再具备本条例规定的安全生产条件的，应当暂扣或者吊销安全生产许可证。

第十五条 安全生产许可证颁发管理机关工作人员在安全生产许可证颁发、管理和监督检查工作中，不得索取或者接受企业的财物，不得谋取其他利益。

第十六条 监察机关依照《中华人民共和国行政监察法》的规定，对安全生产许可证颁发管理机关及其工作人员履行本条例规定的职责实施监察。

第十七条 任何单位或者个人对违反本条例规定的行为，有权向安全生产许可证颁发管理机关或者监察机关等有关部门举报。

第十八条 安全生产许可证颁发管理机关工作人员有下列行为之一的，给予降级或者撤职的行政处分；构成犯罪的，依法追究刑事责任：

（一）向不符合本条例规定的安全生产条件的企业颁发安全生产许可证的；

（二）发现企业未依法取得安全生产许可证擅自从事生产活动，不依法处理的；

（三）发现取得安全生产许可证的企业不再具备本条例规定的安全生产条件，不依法处理的；

（四）接到对违反本条例规定行为的举报后，不及时处理的；

（五）在安全生产许可证颁发、管理和监督检查工作中，索取或者接受企业的财物，或者谋取其他利益的。

第十九条 违反本条例规定，未取得安全生产许可证擅自进行生产的，责令停止生产，没收违法所得，并处10万元以上50万元以下的罚款；造成重大事故或者其他严重后果，构成犯罪的，依法追究刑事责任。

第二十条 违反本条例规定，安全生产许可证有效期满未办理延期手续，继续进行生产的，责令停止生产，限期补办延期手续，没收违法所得，并处5万元以上10万元以下的罚款；逾期仍不办理延期手续，继续进行生产的，依照本条例第十九条的规定处罚。

第二十一条 违反本条例规定，转让安全生产许可证的，没收违法所得，处10万元以上50万元以下的罚款，并吊销其安全生产许可证；构成犯罪的，依法追究刑事责任；接受转让的，依照本条例第十九条的规定处罚。

冒用安全生产许可证或者使用伪造的安全生产许可证的，依照本条例第十九条的规定处罚。

第二十二条 本条例施行前已经进行生产的企业，应当自本条例施行之日起1年内，依照本条例的规定向安全生产许可证颁发管理机关申请办理安全生产许可证；逾期不办理安全生产许可证，或者经审查不符合本条例规定的安全生产条件，未取得安全生产许可证，继续进行生产的，依照本条例第十九条的规定处罚。

第二十三条 本条例规定的行政处罚，由安全生产许可证颁发管理机关决定。

第二十四条 本条例自公布之日起施行。

建设工程质量管理条例

中华人民共和国国务院令

第279号

《建设工程质量管理条例》已经2000年1月10日国务院第25次常务会议通过，现予发布，自发布之日起施行。

总理　朱镕基

2000年1月30日

建设工程质量管理条例

第一章　总　则

第一条　为了加强对建设工程质量的管理，保证建设工程质量，保护人民生命和财产安全，根据《中华人民共和国建筑法》，制定本条例。

第二条　凡在中华人民共和国境内从事建设工程的新建、扩建、改建等有关活动及实施对建设工程质量监督管理的，必须遵守本条例。

本条例所称建设工程，是指土木工程、建筑工程、线路管道和设备安装工程及装修工程。

第三条　建设单位、勘察单位、设计单位、施工单位、工程监理单位依法对建设工程质量负责。

第四条　县级以上人民政府建设行政主管部门和其他有关部门应当加强对建设工程质量的监督管理。

第五条　从事建设工程活动，必须严格执行基本建设程序，坚持先勘察、后设计、再施工的原则。

县级以上人民政府及其有关部门不得超越权限审批建设项目或者擅自简化基本建设程序。

第六条　国家鼓励采用先进的科学技术和管理方法，提高建设工程质量。

第二章　建设单位的质量责任和义务

第七条　建设单位应当将工程发包给具有相应资质等级的单位。

建设单位不得将建设工程肢解发包。

第八条　建设单位应当依法对工程建设项目的勘察、设计、施工、监理以及与工程建设有关的重要设备、材料等的采购进行招标。

第九条　建设单位必须向有关的勘察、设计、施工、工程监理等单位提供与建设工程有关的原始资料。

原始资料必须真实、准确、齐全。

第十条　建设工程发包单位不得迫使承包方以低于成本的价格竞标，不得任意压缩合理工期。

建设单位不得明示或者暗示设计单位或者施工单位违反工程建设强制性标准，降低建设工程质量。

第十一条 建设单位应当将施工图设计文件报县级以上人民政府建设行政主管部门或者其他有关部门审查。施工图设计文件审查的具体办法，由国务院建设行政主管部门会同国务院其他有关部门制定。

施工图设计文件未经审查批准的，不得使用。

第十二条 实行监理的建设工程，建设单位应当委托具有相应资质等级的工程监理单位进行监理，也可以委托具有工程监理相应资质等级并与被监理工程的施工承包单位没有隶属关系或者其他利害关系的该工程的设计单位进行监理。

下列建设工程必须实行监理：

（一）国家重点建设工程；

（二）大中型公用事业工程；

（三）成片开发建设的住宅小区工程；

（四）利用外国政府或者国际组织贷款、援助资金的工程；

（五）国家规定必须实行监理的其他工程。

第十三条 建设单位在领取施工许可证或者开工报告前，应当按照国家有关规定办理工程质量监督手续。

第十四条 按照合同约定，由建设单位采购建筑材料、建筑构配件和设备的，建设单位应当保证建筑材料、建筑构配件和设备符合设计文件和合同要求。

建设单位不得明示或者暗示施工单位使用不合格的建筑材料、建筑构配件和设备。

第十五条 涉及建筑主体和承重结构变动的装修工程，建设单位应当在施工前委托原设计单位或者具有相应资质等级的设计单位提出设计方案；没有设计方案的，不得施工。

房屋建筑使用者在装修过程中，不得擅自变动房屋建筑主体和承重结构。

第十六条 建设单位收到建设工程竣工报告后，应当组织设计、施工、工程监理等有关单位进行竣工验收。

建设工程竣工验收应当具备下列条件：

（一）完成建设工程设计和合同约定的各项内容；

（二）有完整的技术档案和施工管理资料；

（三）有工程使用的主要建筑材料、建筑构配件和设备的进场试验报告；

（四）有勘察、设计、施工、工程监理等单位分别签署的质量合格文件；

（五）有施工单位签署的工程保修书。

建设工程经验收合格的，方可交付使用。

第十七条 建设单位应当严格按照国家有关档案管理的规定，及时收集、整理建设项目各环节的文件资料，建立、健全建设项目档案，并在建设工程竣工验收后，及时向建设行政主管部门或者其他有关部门移交建设项目档案。

第三章　勘察、设计单位的质量责任和义务

第十八条 从事建设工程勘察、设计的单位应当依法取得相应等级的资质证书，并在

其资质等级许可的范围内承揽工程。

禁止勘察、设计单位超越其资质等级许可的范围或者以其他勘察、设计单位的名义承揽工程。禁止勘察、设计单位允许其他单位或者个人以本单位的名义承揽工程。

勘察、设计单位不得转包或者违法分包所承揽的工程。

第十九条 勘察、设计单位必须按照工程建设强制性标准进行勘察、设计，并对其勘察、设计的质量负责。

注册建筑师、注册结构工程师等注册执业人员应当在设计文件上签字，对设计文件负责。

第二十条 勘察单位提供的地质、测量、水文等勘察成果必须真实、准确。

第二十一条 设计单位应当根据勘察成果文件进行建设工程设计。

设计文件应当符合国家规定的设计深度要求，注明工程合理使用年限。

第二十二条 设计单位在设计文件中选用的建筑材料、建筑构配件和设备，应当注明规格、型号、性能等技术指标，其质量要求必须符合国家规定的标准。

除有特殊要求的建筑材料、专用设备、工艺生产线等外，设计单位不得指定生产厂、供应商。

第二十三条 设计单位应当就审查合格的施工图设计文件向施工单位作出详细说明。

第二十四条 设计单位应当参与建设工程质量事故分析，并对因设计造成的质量事故，提出相应的技术处理方案。

第四章 施工单位的质量责任和义务

第二十五条 施工单位应当依法取得相应等级的资质证书，并在其资质等级许可的范围内承揽工程。

禁止施工单位超越本单位资质等级许可的业务范围或者以其他施工单位的名义承揽工程。禁止施工单位允许其他单位或者个人以本单位的名义承揽工程。

施工单位不得转包或者违法分包工程。

第二十六条 施工单位对建设工程的施工质量负责。

施工单位应当建立质量责任制，确定工程项目的项目经理、技术负责人和施工管理负责人。

建设工程实行总承包的，总承包单位应当对全部建设工程质量负责；建设工程勘察、设计、施工、设备采购的一项或者多项实行总承包的，总承包单位应当对其承包的建设工程或者采购的设备的质量负责。

第二十七条 总承包单位依法将建设工程分包给其他单位的，分包单位应当按照分包合同的约定对其分包工程的质量向总承包单位负责，总承包单位与分包单位对分包工程的质量承担连带责任。

第二十八条 施工单位必须按照工程设计图纸和施工技术标准施工，不得擅自修改工程设计，不得偷工减料。

施工单位在施工过程中发现设计文件和图纸有差错的，应当及时提出意见和建议。

第二十九条 施工单位必须按照工程设计要求、施工技术标准和合同约定，对建筑材料、建筑构配件、设备和商品混凝土进行检验，检验应当有书面记录和专人签字；未经检验或者检验不合格的，不得使用。

第三十条 施工单位必须建立、健全施工质量的检验制度，严格工序管理，作好隐蔽工程的质量检查和记录。隐蔽工程在隐蔽前，施工单位应当通知建设单位和建设工程质量监督机构。

第三十一条 施工人员对涉及结构安全的试块、试件以及有关材料，应当在建设单位或者工程监理单位监督下现场取样，并送具有相应资质等级的质量检测单位进行检测。

第三十二条 施工单位对施工中出现质量问题的建设工程或者竣工验收不合格的建设工程，应当负责返修。

第三十三条 施工单位应当建立、健全教育培训制度，加强对职工的教育培训；未经教育培训或者考核不合格的人员，不得上岗作业。

第五章 工程监理单位的质量责任和义务

第三十四条 工程监理单位应当依法取得相应等级的资质证书，并在其资质等级许可的范围内承担工程监理业务。

禁止工程监理单位超越本单位资质等级许可的范围或者以其他工程监理单位的名义承担工程监理业务。禁止工程监理单位允许其他单位或者个人以本单位的名义承担工程监理业务。

工程监理单位不得转让工程监理业务。

第三十五条 工程监理单位与被监理工程的施工承包单位以及建筑材料、建筑构配件和设备供应单位不得有隶属关系或者其他利害关系，不得承担该项建设工程的监理业务。

第三十六条 工程监理单位应当依照法律、法规以及有关技术标准、设计文件和建设工程承包合同，代表建设单位对施工质量实施监理，并对施工质量承担监理责任。

第三十七条 工程监理单位应当选派具备相应资格的总监理工程师和监理工程师进驻施工现场。

未经监理工程师签字，建筑材料、建筑构配件和设备不得在工程上使用或者安装，施工单位不得进行下一道工序的施工。未经总监理工程师签字，建设单位不拨付工程款，不进行竣工验收。

第三十八条 监理工程师应当按照工程监理规范的要求，采取旁站、巡视和平行检验等形式，对建设工程实施监理。

第六章 建设工程质量保修

第三十九条 建设工程实行质量保修制度。

建设工程承包单位在向建设单位提交工程竣工验收报告时，应当向建设单位出具质量保修书。质量保修书中应当明确建设工程的保修范围、保修期限和保修责任等。

第四十条 在正常使用条件下，建设工程的最低保修期限为：

(一) 基础设施工程、房屋建筑的地基基础工程和主体结构工程，为设计文件规定的该工程的合理使用年限；

（二）屋面防水工程、有防水要求的卫生间、房间和外墙面的防渗漏，为5年；

（三）供热与供冷系统，为2个采暖期、供冷期；

（四）电气管线、给排水管道、设备安装和装修工程，为2年。

其他项目的保修期限由发包方与承包方约定。

建设工程的保修期，自竣工验收合格之日起计算。

第四十一条 建设工程在保修范围和保修期限内发生质量问题的，施工单位应当履行保修义务，并对造成的损失承担赔偿责任。

第四十二条 建设工程在超过合理使用年限后需要继续使用的，产权所有人应当委托具有相应资质等级的勘察、设计单位鉴定，并根据鉴定结果采取加固、维修等措施，重新界定使用期。

第七章 监 督 管 理

第四十三条 国家实行建设工程质量监督管理制度。

国务院建设行政主管部门对全国的建设工程质量实施统一监督管理。国务院铁路、交通、水利等有关部门按照国务院规定的职责分工，负责对全国的有关专业建设工程质量的监督管理。

县级以上地方人民政府建设行政主管部门对本行政区域内的建设工程质量实施监督管理。县级以上地方人民政府交通、水利等有关部门在各自的职责范围内，负责对本行政区域内的专业建设工程质量的监督管理。

第四十四条 国务院建设行政主管部门和国务院铁路、交通、水利等有关部门应当加强对有关建设工程质量的法律、法规和强制性标准执行情况的监督检查。

第四十五条 国务院发展计划部门按照国务院规定的职责，组织稽察特派员，对国家出资的重大建设项目实施监督检查。

国务院经济贸易主管部门按照国务院规定的职责，对国家重大技术改造项目实施监督检查。

第四十六条 建设工程质量监督管理，可以由建设行政主管部门或者其他有关部门委托的建设工程质量监督机构具体实施。

从事房屋建筑工程和市政基础设施工程质量监督的机构，必须按照国家有关规定经国务院建设行政主管部门或者省、自治区、直辖市人民政府建设行政主管部门考核；从事专业建设工程质量监督的机构，必须按照国家有关规定经国务院有关部门或者省、自治区、直辖市人民政府有关部门考核。经考核合格后，方可实施质量监督。

第四十七条 县级以上地方人民政府建设行政主管部门和其他有关部门应当加强对有关建设工程质量的法律、法规和强制性标准执行情况的监督检查。

第四十八条 县级以上人民政府建设行政主管部门和其他有关部门履行监督检查职责时，有权采取下列措施：

（一）要求被检查的单位提供有关工程质量的文件和资料；

（二）进入被检查单位的施工现场进行检查；

（三）发现有影响工程质量的问题时，责令改正。

第四十九条 建设单位应当自建设工程竣工验收合格之日起15日内，将建设工程竣工验收报告和规划、公安消防、环保等部门出具的认可文件或者准许使用文件报建设行政主管部门或者其他有关部门备案。

建设行政主管部门或者其他有关部门发现建设单位在竣工验收过程中有违反国家有关建设工程质量管理规定行为的，责令停止使用，重新组织竣工验收。

第五十条 有关单位和个人对县级以上人民政府建设行政主管部门和其他有关部门进行的监督检查应当支持与配合，不得拒绝或者阻碍建设工程质量监督检查人员依法执行职务。

第五十一条 供水、供电、供气、公安消防等部门或者单位不得明示或者暗示建设单位、施工单位购买其指定的生产供应单位的建筑材料、建筑构配件和设备。

第五十二条 建设工程发生质量事故，有关单位应当在24小时内向当地建设行政主管部门和其他有关部门报告。对重大质量事故，事故发生地的建设行政主管部门和其他有关部门应当按照事故类别和等级向当地人民政府和上级建设行政主管部门和其他有关部门报告。

特别重大质量事故的调查程序按照国务院有关规定办理。

第五十三条 任何单位和个人对建设工程的质量事故、质量缺陷都有权检举、控告、投诉。

第八章 罚 则

第五十四条 违反本条例规定，建设单位将建设工程发包给不具有相应资质等级的勘察、设计、施工单位或者委托给不具有相应资质等级的工程监理单位的，责令改正，处50万元以上100万元以下的罚款。

第五十五条 违反本条例规定，建设单位将建设工程肢解发包的，责令改正，处工程合同价款0.5%以上1%以下的罚款；对全部或者部分使用国有资金的项目，并可以暂停项目执行或者暂停资金拨付。

第五十六条 违反本条例规定，建设单位有下列行为之一的，责令改正，处20万元以上50万元以下的罚款：

（一）迫使承包方以低于成本的价格竞标的；

（二）任意压缩合理工期的；

（三）明示或者暗示设计单位或者施工单位违反工程建设强制性标准，降低工程质量的；

（四）施工图设计文件未经审查或者审查不合格，擅自施工的；

（五）建设项目必须实行工程监理而未实行工程监理的；

（六）未按照国家规定办理工程质量监督手续的；

（七）明示或者暗示施工单位使用不合格的建筑材料、建筑构配件和设备的；

（八）未按照国家规定将竣工验收报告、有关认可文件或者准许使用文件报送备案的。

第五十七条 违反本条例规定，建设单位未取得施工许可证或者开工报告未经批准，擅自施工的，责令停止施工，限期改正，处工程合同价款1%以上2%以下的罚款。

第五十八条 违反本条例规定，建设单位有下列行为之一的，责令改正，处工程合同价款2%以上4%以下的罚款；造成损失的，依法承担赔偿责任：

（一）未组织竣工验收，擅自交付使用的；

（二）验收不合格，擅自交付使用的；

（三）对不合格的建设工程按照合格工程验收的。

第五十九条 违反本条例规定，建设工程竣工验收后，建设单位未向建设行政主管部门或者其他有关部门移交建设项目档案的，责令改正，处1万元以上10万元以下的罚款。

第六十条 违反本条例规定，勘察、设计、施工、工程监理单位超越本单位资质等级承揽工程的，责令停止违法行为，对勘察、设计单位或者工程监理单位处合同约定的勘察费、设计费或者监理酬金1倍以上2倍以下的罚款；对施工单位处工程合同价款2%以上4%以下的罚款，可以责令停业整顿，降低资质等级；情节严重的，吊销资质证书；有违法所得的，予以没收。

未取得资质证书承揽工程的，予以取缔，依照前款规定处以罚款；有违法所得的，予以没收。

以欺骗手段取得资质证书承揽工程的，吊销资质证书，依照本条第一款规定处以罚款；有违法所得的，予以没收。

第六十一条 违反本条例规定，勘察、设计、施工、工程监理单位允许其他单位或者个人以本单位名义承揽工程的，责令改正，没收违法所得，对勘察、设计单位和工程监理单位处合同约定的勘察费、设计费和监理酬金1倍以上2倍以下的罚款；对施工单位处工程合同价款2%以上4%以下的罚款；可以责令停业整顿，降低资质等级；情节严重的，吊销资质证书。

第六十二条 违反本条例规定，承包单位将承包的工程转包或者违法分包的，责令改正，没收违法所得，对勘察、设计单位处合同约定的勘察费、设计费25%以上50%以下的罚款；对施工单位处工程合同价款0.5%以上1%以下的罚款；可以责令停业整顿，降低资质等级；情节严重的，吊销资质证书。

工程监理单位转让工程监理业务的，责令改正，没收违法所得，处合同约定的监理酬金25%以上50%以下的罚款；可以责令停业整顿，降低资质等级；情节严重的，吊销资质证书。

第六十三条 违反本条例规定，有下列行为之一的，责令改正，处10万元以上30万元以下的罚款：

（一）勘察单位未按照工程建设强制性标准进行勘察的；

（二）设计单位未根据勘察成果文件进行工程设计的；

（三）设计单位指定建筑材料、建筑构配件的生产厂、供应商的；

（四）设计单位未按照工程建设强制性标准进行设计的。

有前款所列行为，造成重大工程质量事故的，责令停业整顿，降低资质等级；情节严重的，吊销资质证书；造成损失的，依法承担赔偿责任。

第六十四条 违反本条例规定，施工单位在施工中偷工减料的，使用不合格的建筑材料、建筑构配件和设备的，或者有不按照工程设计图纸或者施工技术标准施工的其他行为的，责令改正，处工程合同价款2%以上4%以下的罚款；造成建设工程质量不符合规定的质量标准的，负责返工、修理，并赔偿因此造成的损失；情节严重的，责令停业整顿，降低资质等级或者吊销资质证书。

第六十五条 违反本条例规定，施工单位未对建筑材料、建筑构配件、设备和商品混凝土进行检验，或者未对涉及结构安全的试块、试件以及有关材料取样检测的，责令改正，处10万元以上20万元以下的罚款；情节严重的，责令停业整顿，降低资质等级或者吊销资质证书；造成损失的，依法承担赔偿责任。

第六十六条 违反本条例规定，施工单位不履行保修义务或者拖延履行保修义务的，责令改正，处10万元以上20万元以下的罚款，并对在保修期内因质量缺陷造成的损失承担赔偿责任。

第六十七条 工程监理单位有下列行为之一的，责令改正，处50万元以上100万元以下的罚款，降低资质等级或者吊销资质证书；有违法所得的，予以没收；造成损失的，承担连带赔偿责任：

（一）与建设单位或者施工单位串通，弄虚作假、降低工程质量的；

（二）将不合格的建设工程、建筑材料、建筑构配件和设备按照合格签字的。

第六十八条 违反本条例规定，工程监理单位与被监理工程的施工承包单位以及建筑材料、建筑构配件和设备供应单位有隶属关系或者其他利害关系承担该项建设工程的监理业务的，责令改正，处5万元以上10万元以下的罚款，降低资质等级或者吊销资质证书；有违法所得的，予以没收。

第六十九条 违反本条例规定，涉及建筑主体或者承重结构变动的装修工程，没有设计方案擅自施工的，责令改正，处50万元以上100万元以下的罚款；房屋建筑使用者在装修过程中擅自变动房屋建筑主体和承重结构的，责令改正，处5万元以上10万元以下的罚款。

有前款所列行为，造成损失的，依法承担赔偿责任。

第七十条 发生重大工程质量事故隐瞒不报、谎报或者拖延报告期限的，对直接负责的主管人员和其他责任人员依法给予行政处分。

第七十一条 违反本条例规定，供水、供电、供气、公安消防等部门或者单位明示或者暗示建设单位或者施工单位购买其指定的生产供应单位的建筑材料、建筑构配件和设备的，责令改正。

第七十二条 违反本条例规定，注册建筑师、注册结构工程师、监理工程师等注册执业人员因过错造成质量事故的，责令停止执业1年；造成重大质量事故的，吊销执业资格证书，5年以内不予注册；情节特别恶劣的，终身不予注册。

第七十三条 依照本条例规定，给予单位罚款处罚的，对单位直接负责的主管人员和其他直接责任人员处单位罚款数额5%以上10%以下的罚款。

第七十四条 建设单位、设计单位、施工单位、工程监理单位违反国家规定，降低工程质量标准，造成重大安全事故，构成犯罪的，对直接责任人员依法追究刑事责任。

第七十五条 本条例规定的责令停业整顿，降低资质等级和吊销资质证书的行政处罚，由颁发资质证书的机关决定；其他行政处罚，由建设行政主管部门或者其他有关部门依照法定职权决定。

依照本条例规定被吊销资质证书的，由工商行政管理部门吊销其营业执照。

第七十六条 国家机关工作人员在建设工程质量监督管理工作中玩忽职守、滥用职权、徇私舞弊，构成犯罪的，依法追究刑事责任；尚不构成犯罪的，依法给予行政处分。

第七十七条 建设、勘察、设计、施工、工程监理单位的工作人员因调动工作、退休等原因离开该单位后，被发现在该单位工作期间违反国家有关建设工程质量管理规定，造成重大工程质量事故的，仍应当依法追究法律责任。

第九章 附 则

第七十八条 本条例所称肢解发包，是指建设单位将应当由一个承包单位完成的建设工程分解成若干部分发包给不同的承包单位的行为。

本条例所称违法分包，是指下列行为：

（一）总承包单位将建设工程分包给不具备相应资质条件的单位的；

（二）建设工程总承包合同中未有约定，又未经建设单位认可，承包单位将其承包的部分建设工程交由其他单位完成的；

（三）施工总承包单位将建设工程主体结构的施工分包给其他单位的；

（四）分包单位将其承包的建设工程再分包的。

本条例所称转包，是指承包单位承包建设工程，不履行合同约定的责任和义务，将其承包的全部建设工程转给他人或者将其承包的全部建设工程肢解以后以分包的名义分别转给其他单位承包的行为。

第七十九条 本条例规定的罚款和没收的违法所得，必须全部上缴国库。

第八十条 抢险救灾及其他临时性房屋建筑和农民自建低层住宅的建设活动，不适用本条例。

第八十一条 军事建设工程的管理，按照中央军事委员会的有关规定执行。

第八十二条 本条例自2000年1月30日起施行。

附 刑法有关条款

第一百三十七条 建设单位、设计单位、施工单位、工程监理单位违反国家规定，降低工程质量标准，造成重大安全事故的，对直接责任人员处五年以下有期徒刑或者拘役，并处罚金；后果特别严重的，处五年以上十年以下有期徒刑，并处罚金。

特种设备安全监察条例

中华人民共和国国务院令

第373号

《特种设备安全监察条例》已经2003年2月19日国务院第68次常务会议通过，现予公布，自2003年6月1日起施行。

总理　朱镕基

二〇〇三年三月十一日

特种设备安全监察条例

第一章　总　　则

第一条　为了加强特种设备的安全监察，防止和减少事故，保障人民群众生命和财产安全，促进经济发展，制定本条例。

第二条　本条例所称特种设备是指涉及生命安全、危险性较大的锅炉、压力容器（含气瓶，下同）、压力管道、电梯、起重机械、客运索道、大型游乐设施。

前款特种设备的目录由国务院负责特种设备安全监督管理的部门（以下简称国务院特种设备安全监督管理部门）制订，报国务院批准后执行。

第三条　特种设备的生产（含设计、制造、安装、改造、维修，下同）、使用、检验检测及其监督检查，应当遵守本条例，但本条例另有规定的除外。

军事装备、核设施、航空航天器、铁路机车、海上设施和船舶以及煤矿矿井使用的特种设备的安全监察不适用本条例。

房屋建筑工地和市政工程工地用起重机械的安装、使用的监督管理，由建设行政主管部门依照有关法律、法规的规定执行。

第四条　国务院特种设备安全监督管理部门负责全国特种设备的安全监察工作，县以上地方负责特种设备安全监督管理的部门对本行政区域内特种设备实施安全监察（以下统称特种设备安全监督管理部门）。

第五条　特种设备生产、使用单位应当建立健全特种设备安全管理制度和岗位安全责任制度。

特种设备生产、使用单位的主要负责人应当对本单位特种设备的安全全面负责。

特种设备生产、使用单位和特种设备检验检测机构，应当接受特种设备安全监督管理部门依法进行的特种设备安全监察。

第六条　特种设备检验检测机构，应当依照本条例规定，进行检验检测工作，对其检验检测结果、鉴定结论承担法律责任。

第七条　县级以上地方人民政府应当督促、支持特种设备安全监督管理部门依法履行安全监察职责，对特种设备安全监察中存在的重大问题及时予以协调、解决。

第八条 国家鼓励推行科学的管理方法，采用先进技术，提高特种设备安全性能和管理水平，增强特种设备生产、使用单位防范事故的能力，对取得显著成绩的单位和个人，给予奖励。

第九条 任何单位和个人对违反本条例规定的行为，有权向特种设备安全监督管理部门和行政监察等有关部门举报。

特种设备安全监督管理部门应当建立特种设备安全监察举报制度，公布举报电话、信箱或者电子邮件地址，受理对特种设备生产、使用和检验检测违法行为的举报，并及时予以处理。

特种设备安全监督管理部门和行政监察等有关部门应当为举报人保密，并按照国家有关规定给予奖励。

第二章 特种设备的生产

第十条 特种设备生产单位，应当依照本条例规定以及国务院特种设备安全监督管理部门制订并公布的安全技术规范（以下简称安全技术规范）的要求，进行生产活动。

特种设备生产单位对其生产的特种设备的安全性能负责。

第十一条 压力容器的设计单位应当经国务院特种设备安全监督管理部门许可，方可从事压力容器的设计活动。

压力容器的设计单位应当具备下列条件：

（一）有与压力容器设计相适应的设计人员、设计审核人员；

（二）有与压力容器设计相适应的健全的管理制度和责任制度。

第十二条 锅炉、压力容器中的气瓶（以下简称气瓶）、氧舱和客运索道、大型游乐设施的设计文件，应当经国务院特种设备安全监督管理部门核准的检验检测机构鉴定，方可用于制造。

第十三条 按照安全技术规范的要求，应当进行型式试验的特种设备产品、部件或者试制特种设备新产品、新部件，必须进行整机或者部件的型式试验。

第十四条 锅炉、压力容器、电梯、起重机械、客运索道、大型游乐设施及其安全附件、安全保护装置的制造、安装、改造单位，以及压力管道用管子、管件、阀门、法兰、补偿器、安全保护装置等（以下简称压力管道元件）的制造单位，应当经国务院特种设备安全监督管理部门许可，方可从事相应的活动。

前款特种设备的制造、安装、改造单位应当具备下列条件：

（一）有与特种设备制造、安装、改造相适应的专业技术人员和技术工人；

（二）有与特种设备制造、安装、改造相适应的生产条件和检测手段；

（三）有健全的质量管理制度和责任制度。

第十五条 特种设备出厂时，应当附有安全技术规范要求的设计文件、产品质量合格证明、安装及使用维修说明、监督检验证明等文件。

第十六条 锅炉、压力容器、电梯、起重机械、客运索道、大型游乐设施的维修单位，应当有与特种设备维修相适应的专业技术人员和技术工人以及必要的检测手段，并经省、自治区、直辖市特种设备安全监督管理部门许可，方可从事相应的维修活动。

第十七条 锅炉、压力容器、起重机械、客运索道、大型游乐设施的安装、改造、维修，必须由依照本条例取得许可的单位进行。

电梯的安装、改造、维修，必须由电梯制造单位或者其通过合同委托、同意的依照本条例取得许可的单位进行。电梯制造单位对电梯质量以及安全运行涉及的质量问题负责。

特种设备安装、改造、维修的施工单位应当在施工前将拟进行的特种设备安装、改造、维修情况书面告知直辖市或者设区的市的特种设备安全监督管理部门，告知后即可施工。

第十八条 电梯井道的土建工程必须符合建筑工程质量要求。电梯安装施工过程中，电梯安装单位应当遵守施工现场的安全生产要求，落实现场安全防护措施。电梯安装施工过程中，施工现场的安全生产监督，由有关部门依照有关法律、行政法规的规定执行。

电梯安装施工过程中，电梯安装单位应当服从建筑施工总承包单位对施工现场的安全生产管理，并订立合同，明确各自的安全责任。

第十九条 电梯的制造、安装、改造和维修活动，必须严格遵守安全技术规范的要求。电梯制造单位委托或者同意其他单位进行电梯安装、改造、维修活动的，应当对其安装、改造、维修活动进行安全指导和监控。电梯的安装、改造、维修活动结束后，电梯制造单位应当按照安全技术规范的要求对电梯进行校验和调试，并对校验和调试的结果负责。

第二十条 锅炉、压力容器、电梯、起重机械、客运索道、大型游乐设施的安装、改造、维修竣工后，安装、改造、维修的施工单位应当在验收后30日内将有关技术资料移交使用单位。使用单位应当将其存入该特种设备的安全技术档案。

第二十一条 锅炉、压力容器、压力管道元件、起重机械、大型游乐设施的制造过程和锅炉、压力容器、电梯、起重机械、客运索道、大型游乐设施的安装、改造、重大维修过程，必须经国务院特种设备安全监督管理部门核准的检验检测机构按照安全技术规范的要求进行监督检验；未经监督检验合格的不得出厂或者交付使用。

第二十二条 气瓶充装单位应当经省、自治区、直辖市的特种设备安全监督管理部门许可，方可从事充装活动。

气瓶充装单位应当具备下列条件：

（一）有与气瓶充装和管理相适应的管理人员和技术人员；

（二）有与气瓶充装和管理相适应的充装设备、检测手段、场地厂房、器具、安全设施和一定的气体储存能力，并能够向使用者提供符合安全技术规范要求的气瓶；

（三）有健全的充装安全管理制度、责任制度、紧急处理措施。

气瓶充装单位应当对气瓶使用者安全使用气瓶进行指导，提供服务。

第三章 特种设备的使用

第二十三条 特种设备使用单位，应当严格执行本条例和有关安全生产的法律、行政法规的规定，保证特种设备的安全使用。

第二十四条 特种设备使用单位应当使用符合安全技术规范要求的特种设备。特种设备投入使用前，使用单位应当核对其是否附有本条例第十五条规定的相关文件。

第二十五条 特种设备在投入使用前或者投入使用后30日内，特种设备使用单位应当向直辖市或者设区的市的特种设备安全监督管理部门登记。登记标志应当置于或者附着于该特种设备的显著位置。

第二十六条 特种设备使用单位应当建立特种设备安全技术档案。安全技术档案应当包括以下内容：

（一）特种设备的设计文件、制造单位、产品质量合格证明、使用维护说明等文件以及安装技术文件和资料；

（二）特种设备的定期检验和定期自行检查的记录；

（三）特种设备的日常使用状况记录；

（四）特种设备及其安全附件、安全保护装置、测量调控装置及有关附属仪器仪表的日常维护保养记录；

（五）特种设备运行故障和事故记录。

第二十七条 特种设备使用单位应当对在用特种设备进行经常性日常维护保养，并定期自行检查。

特种设备使用单位对在用特种设备应当至少每月进行一次自行检查，并作出记录。特种设备使用单位在对在用特种设备进行自行检查和日常维护保养时发现异常情况的，应当及时处理。

特种设备使用单位应当对在用特种设备的安全附件、安全保护装置、测量调控装置及有关附属仪器仪表进行定期校验、检修，并作出记录。

第二十八条 特种设备使用单位应当按照安全技术规范的定期检验要求，在安全检验合格有效期届满前1个月向特种设备检验检测机构提出定期检验要求。

检验检测机构接到定期检验要求后，应当按照安全技术规范的要求及时进行检验。

未经定期检验或者检验不合格的特种设备，不得继续使用。

第二十九条 特种设备出现故障或者发生异常情况，使用单位应当对其进行全面检查，消除事故隐患后，方可重新投入使用。

第三十条 特种设备存在严重事故隐患，无改造、维修价值，或者超过安全技术规范规定使用年限，特种设备使用单位应当及时予以报废，并应当向原登记的特种设备安全监督管理部门办理注销。

第三十一条 特种设备使用单位应当制定特种设备的事故应急措施和救援预案。

第三十二条 电梯的日常维护保养必须由依照本条例取得许可的安装、改造、维修单位或者电梯制造单位进行。

电梯应当至少每15日进行一次清洁、润滑、调整和检查。

第三十三条 电梯的日常维护保养单位应当在维护保养中严格执行国家安全技术规范的要求，保证其维护保养的电梯的安全技术性能，并负责落实现场安全防护措施，保证施工安全。

电梯的日常维护保养单位，应当对其维护保养的电梯的安全性能负责。接到故障通知后，应当立即赶赴现场，并采取必要的应急救援措施。

第三十四条 电梯、客运索道、大型游乐设施等为公众提供服务的特种设备运营使用单位，应当设置特种设备安全管理机构或者配备专职的安全管理人员；其他特种设备使用单位，应当根据情况设置特种设备安全管理机构或者配备专职、兼职的安全管理人员。

特种设备的安全管理人员应当对特种设备使用状况进行经常性检查,发现问题的应当立即处理；情况紧急时，可以决定停止使用特种设备并及时报告本单位有关负责人。

第三十五条 客运索道、大型游乐设施的运营使用单位在客运索道、大型游乐设施每日投入使用前，应当进行试运行和例行安全检查，并对安全装置进行检查确认。

电梯、客运索道、大型游乐设施的运营使用单位应当将电梯、客运索道、大型游乐设施的安全注意事项和警示标志置于易于为乘客注意的显著位置。

第三十六条 客运索道、大型游乐设施的运营使用单位的主要负责人应当熟悉客运索道、大型游乐设施的相关安全知识，并全面负责客运索道、大型游乐设施的安全使用。

客运索道、大型游乐设施的运营使用单位的主要负责人至少应当每月召开一次会议,督促、检查客运索道、大型游乐设施的安全使用工作。

客运索道、大型游乐设施的运营使用单位，应当结合本单位的实际情况，配备相应数量的营救装备和急救物品。

第三十七条 电梯、客运索道、大型游乐设施的乘客应当遵守使用安全注意事项的要求，服从有关工作人员的指挥。

第三十八条 电梯投入使用后，电梯制造单位应当对其制造的电梯的安全运行情况进行跟踪调查和了解,对电梯的日常维护保养单位或者电梯的使用单位在安全运行方面存在的问题，提出改进建议，并提供必要的技术帮助。发现电梯存在严重事故隐患的，应当及时向特种设备安全监督管理部门报告。电梯制造单位对调查和了解的情况，应当作出记录。

第三十九条 锅炉、压力容器、电梯、起重机械、客运索道、大型游乐设施的作业人员及其相关管理人员（以下统称特种设备作业人员)，应当按照国家有关规定经特种设备安全监督管理部门考核合格,取得国家统一格式的特种作业人员证书,方可从事相应的作业或者管理工作。

第四十条 特种设备使用单位应当对特种设备作业人员进行特种设备安全教育和培训,保证特种设备作业人员具备必要的特种设备安全作业知识。

特种设备作业人员在作业中应当严格执行特种设备的操作规程和有关的安全规章制度。

第四十一条 特种设备作业人员在作业过程中发现事故隐患或者其他不安全因素，应当立即向现场安全管理人员和单位有关负责人报告。

第四章　检验检测

第四十二条 从事本条例规定的监督检验、定期检验、型式试验检验检测工作的特种设备检验检测机构，应当经国务院特种设备安全监督管理部门核准。

特种设备使用单位设立的特种设备检验检测机构,经国务院特种设备安全监督管理部门核准，负责本单位一定范围内的特种设备定期检验、型式试验工作。

第四十三条 特种设备检验检测机构，应当具备下列条件：

（一）有与所从事的检验检测工作相适应的检验检测人员；

（二）有与所从事的检验检测工作相适应的检验检测仪器和设备；

（三）有健全的检验检测管理制度、检验检测责任制度。

第四十四条 特种设备的监督检验、定期检验和型式试验应当由依照本条例经核准的特种设备检验检测机构进行。

特种设备检验检测工作应当符合安全技术规范的要求。

第四十五条 从事本条例规定的监督检验、定期检验和型式试验的特种设备检验检测人员应当经国务院特种设备安全监督管理部门组织考核合格，取得检验检测人员证书，方可从事检验检测工作。

检验检测人员从事检验检测工作，必须在特种设备检验检测机构执业，但不得同时在两个以上检验检测机构中执业。

第四十六条 特种设备检验检测机构和检验检测人员进行特种设备检验检测，应当遵循诚信原则和方便企业的原则，为特种设备生产、使用单位提供可靠、便捷的检验检测服务。

特种设备检验检测机构和检验检测人员对涉及的被检验检测单位的商业秘密，负有保密义务。

第四十七条 特种设备检验检测机构和检验检测人员应当客观、公正、及时地出具检验检测结果、鉴定结论。检验检测结果、鉴定结论经检验检测人员签字后，由检验检测机构负责人签署。

特种设备检验检测机构和检验检测人员对检验检测结果、鉴定结论负责。

国务院特种设备安全监督管理部门应当组织对特种设备检验检测机构的检验检测结果、鉴定结论进行监督抽查。县以上地方负责特种设备安全监督管理的部门在本行政区域内也可以组织监督抽查，但是要防止重复抽查。监督抽查结果应当向社会公布。

第四十八条 特种设备检验检测机构和检验检测人员不得从事特种设备的生产、销售，不得以其名义推荐或者监制、监销特种设备。

第四十九条 特种设备检验检测机构进行特种设备检验检测，发现严重事故隐患，应当及时告知特种设备使用单位，并立即向特种设备安全监督管理部门报告。

第五十条 特种设备检验检测机构和检验检测人员利用检验检测工作故意刁难特种设备生产、使用单位，特种设备生产、使用单位有权向特种设备安全监督管理部门投诉，接到投诉的特种设备安全监督管理部门应当及时进行调查处理。

第五章 监 督 检 查

第五十一条 特种设备安全监督管理部门依照本条例规定，对特种设备生产、使用单位和检验检测机构实施安全监察。

对学校、幼儿园以及车站、客运码头、商场、体育场馆、展览馆、公园等公众聚集场所的特种设备，特种设备安全监督管理部门应当实施重点安全监察。

第五十二条 特种设备安全监督管理部门根据举报或者取得的涉嫌违法证据，对涉嫌违反本条例规定的行为进行查处时，可以行使下列职权：

（一）向特种设备生产、使用单位和检验检测机构的法定代表人、主要负责人和其他有关人员调查、了解与涉嫌从事违反本条例的生产、使用、检验检测有关的情况；

（二）查阅、复制特种设备生产、使用单位和检验检测机构的有关合同、发票、账簿以及其他有关资料；

（三）对有证据表明不符合安全技术规范要求的或者有其他严重事故隐患的特种设备或

者其主要部件，予以查封或者扣押。

第五十三条 依照本条例规定，实施许可、核准、登记的特种设备安全监督管理部门，应当严格依照本条例规定条件和安全技术规范要求对有关事项进行审查；不符合本条例规定条件和安全技术规范要求的，不得许可、核准、登记。

未依法取得许可、核准、登记的单位擅自从事特种设备的生产、使用或者检验检测活动的，特种设备安全监督管理部门应当予以取缔或者依法予以处理。

已经取得许可、核准、登记的特种设备的生产、使用单位和检验检测机构，特种设备安全监督管理部门发现其不再符合本条例规定条件和安全技术规范要求的，应当依法撤销原许可、核准、登记。

第五十四条 特种设备安全监督管理部门在办理本条例规定的有关行政审批事项时，其受理、审查、许可、核准的程序必须公开，并应当自受理申请之日起30日内，作出许可、核准或者不予许可、核准的决定；不予许可、核准的，应当书面向申请人说明理由。

第五十五条 地方各级特种设备安全监督管理部门不得以任何形式进行地方保护和地区封锁，不得对已经依照本条例规定在其他地方取得许可的特种设备生产单位重复进行许可，也不得要求对依照本条例规定在其他地方检验检测合格的特种设备，重复进行检验检测。

第五十六条 特种设备安全监督管理部门的安全监察人员（以下简称特种设备安全监察人员）应当熟悉相关法律、法规、规章和安全技术规范，具有相应的专业知识和工作经验，并经国务院特种设备安全监督管理部门考核，取得特种设备安全监察人员证书。

特种设备安全监察人员应当忠于职守、坚持原则、秉公执法。

第五十七条 特种设备安全监督管理部门对特种设备生产、使用单位和检验检测机构实施安全监察时，应当有两名以上特种设备安全监察人员参加，并出示有效的特种设备安全监察人员证件。

第五十八条 特种设备安全监督管理部门对特种设备生产、使用单位和检验检测机构实施安全监察，应当对每次安全监察的内容、发现的问题及处理情况，作出记录，并由参加安全监察的特种设备安全监察人员和被检查单位的有关负责人签字后归档。被检查单位的有关负责人拒绝签字的，特种设备安全监察人员应当将情况记录在案。

第五十九条 特种设备安全监督管理部门对特种设备生产、使用单位和检验检测机构进行安全监察时，发现有违反本条例和安全技术规范的行为或者在用的特种设备存在事故隐患的，应当以书面形式发出特种设备安全监察指令，责令有关单位及时采取措施，予以改正或者消除事故隐患。紧急情况下需要采取紧急处置措施的，应当随后补发书面通知。

第六十条 特种设备安全监督管理部门对特种设备生产、使用单位和检验检测机构进行安全监察，发现重大违法行为或者严重事故隐患时，应当在采取必要措施的同时，及时向上级特种设备安全监督管理部门报告。接到报告的特种设备安全监督管理部门应当采取必要措施，及时予以处理。

对违法行为或者严重事故隐患的处理需要当地人民政府和有关部门的支持、配合时，特种设备安全监督管理部门应当报告当地人民政府，并通知其他有关部门。当地人民政府和其他有关部门应当采取必要措施，及时予以处理。

第六十一条 国务院特种设备安全监督管理部门和省、自治区、直辖市特种设备安全监督管理部门应当定期向社会公布特种设备安全状况。

公布特种设备安全状况，应当包括下列内容：

(一) 在用的特种设备数量；

(二) 特种设备事故的情况、特点、原因分析、防范对策；

(三) 其他需要公布的情况。

第六十二条 特种设备发生事故，事故发生单位应当迅速采取有效措施，组织抢救，防止事故扩大，减少人员伤亡和财产损失，并按照国家有关规定，及时、如实地向负有安全生产监督管理职责的部门和特种设备安全监督管理部门等有关部门报告。不得隐瞒不报、谎报或者拖延不报。

第六十三条 特种设备发生事故的，按照国家有关规定进行事故调查，追究责任。

第六章 法 律 责 任

第六十四条 未经许可，擅自从事压力容器设计活动的，由特种设备安全监督管理部门予以取缔，处5万元以上20万元以下罚款；有违法所得的，没收违法所得；触犯刑律的，对负有责任的主管人员和其他直接责任人员依照刑法关于非法经营罪或者其他罪的规定，依法追究刑事责任。

第六十五条 锅炉、气瓶、氧舱和客运索道、大型游乐设施的设计文件，未经国务院特种设备安全监督管理部门核准的检验检测机构鉴定，擅自用于制造的，由特种设备安全监督管理部门责令改正，没收非法制造的产品，处5万元以上20万元以下罚款；触犯刑律的，对负有责任的主管人员和其他直接责任人员依照刑法关于生产、销售伪劣产品罪、非法经营罪或者其他罪的规定，依法追究刑事责任。

第六十六条 按照安全技术规范的要求应当进行型式试验的特种设备产品、部件或者试制特种设备新产品、新部件，未进行整机或者部件型式试验的，由特种设备安全监督管理部门责令限期改正；逾期未改正的，处2万元以上10万元以下罚款。

第六十七条 未经许可，擅自从事锅炉、压力容器、电梯、起重机械、客运索道、大型游乐设施及其安全附件、安全保护装置的制造、安装、改造以及压力管道元件的制造活动的，由特种设备安全监督管理部门予以取缔，没收非法制造的产品，已经实施安装、改造的，责令恢复原状或者责令限期由取得许可的单位重新安装、改造，处5万元以上20万元以下罚款；触犯刑律的，对负有责任的主管人员和其他直接责任人员依照刑法关于生产、销售伪劣产品罪、非法经营罪、重大责任事故罪或者其他罪的规定，依法追究刑事责任。

第六十八条 特种设备出厂时，未按照安全技术规范的要求附有设计文件、产品质量合格证明、安装及使用维修说明、监督检验证明等文件的，由特种设备安全监督管理部门责令改正；情节严重的，责令停止生产、销售，处违法生产、销售货值金额30%以下罚款；有违法所得的，没收违法所得。

第六十九条 未经许可，擅自从事锅炉、压力容器、电梯、起重机械、客运索道、大型游乐设施的维修或者日常维护保养的，由特种设备安全监督管理部门予以取缔，处1万元以上5万元以下罚款；有违法所得的，没收违法所得；触犯刑律的，对负有责任的主管人员和其他直接责任人员依照刑法关于非法经营罪、重大责任事故罪或者其他罪的规定，依法追究刑事责任。

第七十条 锅炉、压力容器、电梯、起重机械、客运索道、大型游乐设施的安装、改造、维修的施工单位，在施工前未将拟进行的特种设备安装、改造、维修情况书面告知直辖市或者设区的市的特种设备安全监督管理部门即行施工的，或者在验收后30日内未将有关技术资料移交锅炉、压力容器、电梯、起重机械、客运索道、大型游乐设施的使用单位的，由特种设备安全监督管理部门责令限期改正；逾期未改正的，处2000元以上1万元以下罚款。

第七十一条 锅炉、压力容器、压力管道元件、起重机械、大型游乐设施的制造过程和锅炉、压力容器、电梯、起重机械、客运索道、大型游乐设施的安装、改造、重大维修过程，未经国务院特种设备安全监督管理部门核准的检验检测机构按照安全技术规范的要求进行监督检验，出厂或者交付使用的，由特种设备安全监督管理部门责令改正，没收违法生产、销售的产品，已经实施安装、改造或者重大维修的，责令限期进行监督检验，处5万元以上20万元以下的罚款；有违法所得的，没收违法所得；情节严重的，撤销制造、安装、改造或者维修单位已经取得的许可，并由工商行政管理部门吊销其营业执照；触犯刑律的，对负有责任的主管人员和其他直接责任人员依照刑法关于生产、销售伪劣产品罪或者其他罪的规定，依法追究刑事责任。

第七十二条 未经许可，擅自从事气瓶充装活动的，由特种设备安全监督管理部门予以取缔，没收违法充装的气瓶，处5万元以上20万元以下罚款；有违法所得的，没收违法所得；触犯刑律的，对负有责任的主管人员和其他直接责任人员依照刑法关于非法经营罪或者其他罪的规定，依法追究刑事责任。

第七十三条 电梯制造单位有下列情形之一的，由特种设备安全监督管理部门责令限期改正；逾期未改正的，予以通报批评：

（一）未依照本条例第十九条的规定对电梯进行校验、调试的；

（二）对电梯的安全运行情况进行跟踪调查和了解时，发现存在严重事故隐患，未及时向特种设备安全监督管理部门报告的。

第七十四条 特种设备使用单位有下列情形之一的，由特种设备安全监督管理部门责令限期改正；逾期未改正的，处2000元以上2万元以下罚款；情节严重的，责令停止使用或者停产停业整顿：

（一）特种设备投入使用前或者投入使用后30日内，未向特种设备安全监督管理部门登记，擅自将其投入使用的；

（二）未依照本条例第二十六条的规定，建立特种设备安全技术档案的；

（三）未依照本条例第二十七条的规定，对在用特种设备进行经常性日常维护保养和定期自行检查的，或者对在用特种设备的安全附件、安全保护装置、测量调控装置及有关附属仪器仪表进行定期校验、检修，并作出记录的；

（四）未按照安全技术规范的定期检验要求，在安全检验合格有效期届满前1个月向特种设备检验检测机构提出定期检验要求的；

（五）使用未经定期检验或者检验不合格的特种设备的；

（六）特种设备出现故障或者发生异常情况，未对其进行全面检查、消除事故隐患，继续投入使用的；

（七）未制定特种设备的事故应急措施和救援预案的；

（八）未依照本条例第三十二条第二款的规定，对电梯进行清洁、润滑、调整和检查的。

第七十五条　特种设备存在严重事故隐患，无改造、维修价值，或者超过安全技术规范规定的使用年限，特种设备使用单位未予以报废，并向原登记的特种设备安全监督管理部门办理注销的，由特种设备安全监督管理部门责令限期改正；逾期未改正的，处5万元以上20万元以下罚款。

第七十六条　电梯、客运索道、大型游乐设施的运营使用单位有下列情形之一的，由特种设备安全监督管理部门责令限期改正；逾期未改正的，责令停止使用或者停产停业整顿，处1万元以上5万元以下罚款：

（一）客运索道、大型游乐设施每日投入使用前，未进行试运行和例行安全检查，并对安全装置进行检查确认的；

（二）未将电梯、客运索道、大型游乐设施的安全注意事项和警示标志置于易于为乘客注意的显著位置的。

第七十七条　特种设备使用单位有下列情形之一的，由特种设备安全监督管理部门责令限期改正；逾期未改正的，责令停止使用或者停产停业整顿，处2000元以上2万元以下罚款：

（一）未依照本条例规定设置特种设备安全管理机构或者配备专职、兼职的安全管理人员的；

（二）从事特种设备作业的人员，未取得相应特种作业人员证书，上岗作业的；

（三）未对特种设备作业人员进行特种设备安全教育和培训的。

第七十八条　特种设备使用单位的主要负责人在本单位发生重大特种设备事故时，不立即组织抢救或者在事故调查处理期间擅离职守或者逃匿的，给予降职、撤职的处分；触犯刑律的，依照刑法关于重大责任事故罪或者其他罪的规定，依法追究刑事责任。

特种设备使用单位的主要负责人对特种设备事故隐瞒不报、谎报或者拖延不报的，依照前款规定处罚。

第七十九条　特种设备作业人员违反特种设备的操作规程和有关的安全规章制度操作，或者在作业过程中发现事故隐患或者其他不安全因素，未立即向现场安全管理人员和单位有关负责人报告的，由特种设备使用单位给予批评教育、处分；触犯刑律的，依照刑法关于重大责任事故罪或者其他罪的规定，依法追究刑事责任。

第八十条　未经核准，擅自从事本条例所规定的监督检验、定期检验、型式试验等检验检测活动的，由特种设备安全监督管理部门予以取缔，处5万元以上20万元以下罚款；有违法所得的，没收违法所得；触犯刑律的，对负有责任的主管人员和其他直接责任人员依照刑法关于非法经营罪或者其他罪的规定，依法追究刑事责任。

第八十一条　特种设备检验检测机构，有下列情形之一的，由特种设备安全监督管理部门处2万元以上10万元以下罚款；情节严重的，撤销其检验检测资格：

（一）检验检测工作不符合安全技术规范的要求；

（二）聘用未经特种设备安全监督管理部门组织考核合格并取得检验检测人员证书的人员，从事相关检验检测工作的；

（三）在进行特种设备检验检测中，发现严重事故隐患，未及时告知特种设备使用单位，并立即向特种设备安全监督管理部门报告的。

第八十二条 特种设备检验检测机构和检验检测人员，出具虚假的检验检测结果、鉴定结论或者检验检测结果、鉴定结论严重失实的，由特种设备安全监督管理部门对检验检测机构没收违法所得，处5万元以上20万元以下罚款，情节严重的，撤销其检验检测资格；对检验检测人员处5000元以上5万元以下罚款，情节严重的，撤销其检验检测资格，触犯刑律的，依照刑法关于中介组织人员提供虚假证明文件罪、中介组织人员出具证明文件重大失实罪或者其他罪的规定，依法追究刑事责任。特种设备检验检测机构和检验检测人员，出具虚假的检验检测结果、鉴定结论或者检验检测结果、鉴定结论严重失实，造成损害的，应当承担赔偿责任。

第八十三条 特种设备检验检测机构或者检验检测人员从事特种设备的生产、销售，或者以其名义推荐或者监制、监销特种设备的，由特种设备安全监督管理部门撤销特种设备检验检测机构和检验检测人员的资格，处5万元以上20万元以下罚款；有违法所得的，没收违法所得。

第八十四条 特种设备检验检测机构和检验检测人员利用检验检测工作故意刁难特种设备生产、使用单位，由特种设备安全监督管理部门责令改正；拒不改正的，撤销其检验检测资格。

第八十五条 检验检测人员，从事检验检测工作，不在特种设备检验检测机构执业或者同时在两个以上检验检测机构中执业的，由特种设备安全监督管理部门责令改正，情节严重的，给予停止执业6个月以上2年以下的处罚；有违法所得的，没收违法所得。

第八十六条 特种设备安全监督管理部门及其特种设备安全监察人员，有下列违法行为之一的，对直接负责的主管人员和其他直接责任人员，依法给予降级或者撤职的行政处分；触犯刑律的，依照刑法关于受贿罪、滥用职权罪、玩忽职守罪或者其他罪的规定，依法追究刑事责任：

（一）不按照本条例规定的条件和安全技术规范要求，实施许可、核准、登记的；

（二）发现未经许可、核准、登记擅自从事特种设备的生产、使用或者检验检测活动不予取缔或者不依法予以处理的；

（三）发现特种设备生产、使用单位不再具备本条例规定的条件而不撤销其原许可，或者发现特种设备生产、使用违法行为不予查处的；

（四）发现特种设备检验检测机构不再具备本条例规定的条件而不撤销其原核准，或者对其出具虚假的检验检测结果、鉴定结论或者检验检测结果、鉴定结论严重失实的行为不予查处的；

（五）对依照本条例规定在其他地方取得许可的特种设备生产单位重复进行许可，或者对依照本条例规定在其他地方检验检测合格的特种设备，重复进行检验检测的；

（六）发现有违反本条例和安全技术规范的行为或者在用的特种设备存在严重事故隐患，不立即处理的；

（七）发现重大的违法行为或者严重事故隐患，未及时向上级特种设备安全监督管理部门报告，或者接到报告的特种设备安全监督管理部门不立即处理的。

第八十七条 特种设备的生产、使用单位或者检验检测机构，拒不接受特种设备安全监督管理部门依法实施的安全监察的，由特种设备安全监督管理部门责令限期改正；逾期未改正的，责令停产停业整顿，处2万元以上10万元以下的罚款；触犯刑律的，依照刑法关于妨害公务罪或者其他罪的规定，依法追究刑事责任。

第七章 附 则

第八十八条 本条例下列用语的含义是：

锅炉，是指利用各种燃料、电或者其他能源，将所盛装的液体加热到一定的参数，并承载一定压力的密闭设备，其范围规定为容积大于或者等于30L的承压蒸汽锅炉；出口水压大于或者等于0.1MPa（表压），且额定功率大于或者等于0.1MW的承压热水锅炉；有机热载体锅炉。

压力容器，是指盛装气体或者液体，承载一定压力的密闭设备，其范围规定为最高工作压力大于或者等于0.1MPa（表压），且压力与容积的乘积大于或者等于2.5MPa·L的气体、液化气体和最高工作温度高于或者等于标准沸点的液体的固定式容器和移动式容器；盛装公称工作压力大于或者等于0.2MPa（表压），且压力与容积的乘积大于或者等于1.0MPa·L的气体、液化气体和标准沸点等于或者低于60℃液体的气瓶；氧舱等。

压力管道，是指利用一定的压力，用于输送气体或者液体的管状设备，其范围规定为最高工作压力大于或者等于0.1MPa（表压）的气体、液化气体、蒸汽介质或者可燃、易爆、有毒、有腐蚀性、最高工作温度高于或者等于标准沸点的液体介质，且公称直径大于25mm的管道。

电梯，是指动力驱动，利用沿刚性导轨运行的箱体或者沿固定线路运行的梯级（踏步），进行升降或者平行运送人、货物的机电设备，包括载人（货）电梯、自动扶梯、自动人行道等。

起重机械，是指用于垂直升降或者垂直升降并水平移动重物的机电设备，其范围规定为额定起重量大于或者等于0.5t的升降机；额定起重量大于或者等于1t，且提升高度大于或者等于2m的起重机和承重形式固定的电动葫芦等。

客运索道，是指动力驱动，利用柔性绳索牵引箱体等运载工具运送人员的机电设备，包括客运架空索道、客运缆车、客运拖牵索道等。

大型游乐设施，是指用于经营目的，承载乘客游乐的设施，其范围规定为设计最大运行线速度大于或者等于2m/s，或者运行高度距地面高于或者等于2m的载人大型游乐设施。

特种设备包括其附属的安全附件、安全保护装置和与安全保护装置相关的设施。

第八十九条 压力管道设计、安装、使用的安全监督管理办法由国务院另行制定。

第九十条 特种设备检验检测机构依照本条例规定实施检验检测，收取费用，依照国家有关规定执行。

第九十一条 本条例自2003年6月1日起施行。1982年2月6日国务院发布的《锅炉压力容器安全监察暂行条例》同时废止。

国务院关于特大安全事故行政责任追究的规定

中华人民共和国国务院令

第 302 号

现公布《国务院关于特大安全事故行政责任追究的规定》，自公布之日起施行。

总理　朱镕基

二〇〇一年四月二十一日

国务院关于特大安全事故行政责任追究的规定

第一条　为了有效地防范特大安全事故的发生，严肃追究特大安全事故的行政责任，保障人民群众生命、财产安全，制定本规定。

第二条　地方人民政府主要领导人和政府有关部门正职负责人对下列特大安全事故的防范、发生，依照法律、行政法规和本规定的规定有失职、渎职情形或者负有领导责任的，依照本规定给予行政处分；构成玩忽职守罪或者其他罪的，依法追究刑事责任：

（一）特大火灾事故；

（二）特大交通安全事故；

（三）特大建筑质量安全事故；

（四）民用爆炸物品和化学危险品特大安全事故；

（五）煤矿和其他矿山特大安全事故；

（六）锅炉、压力容器、压力管道和特种设备特大安全事故；

（七）其他特大安全事故。

地方人民政府和政府有关部门对特大安全事故的防范、发生直接负责的主管人员和其他直接责任人员，比照本规定给予行政处分；构成玩忽职守罪或者其他罪的，依法追究刑事责任。

特大安全事故肇事单位和个人的刑事处罚、行政处罚和民事责任，依照有关法律、法规和规章的规定执行。

第三条　特大安全事故的具体标准，按照国家有关规定执行。

第四条　地方各级人民政府及政府有关部门应当依照有关法律、法规和规章的规定，采取行政措施，对本地区实施安全监督管理，保障本地区人民群众生命、财产安全，对本地区或者职责范围内防范特大安全事故的发生、特大安全事故发生后的迅速和妥善处理负责。

第五条　地方各级人民政府应当每个季度至少召开一次防范特大安全事故工作会议，由政府主要领导人或者政府主要领导人委托政府分管领导人召集有关部门正职负责人参加，分析、布置、督促、检查本地区防范特大安全事故的工作。会议应当作出决定并形成纪要，会议确定的各项防范措施必须严格实施。

第六条　市（地、州）、县（市、区）人民政府应当组织有关部门按照职责分工对本地区容易发生特大安全事故的单位、设施和场所安全事故的防范明确责任、采取措施，并组织有关部门对上述单位、设施和场所进行严格检查。

第七条 市（地、州）、县（市、区）人民政府必须制定本地区特大安全事故应急处理预案。本地区特大安全事故应急处理预案经政府主要领导人签署后，报上一级人民政府备案。

第八条 市（地、州）、县（市、区）人民政府应当组织有关部门对本规定第二条所列各类特大安全事故的隐患进行查处；发现特大安全事故隐患的，责令立即排除；特大安全事故隐患排除前或者排除过程中，无法保证安全的，责令暂停产、停业或者停止使用。法律、行政法规对查处机关另有规定的，依照其规定。

第九条 市（地、州）、县（市、区）人民政府及其有关部门对本地区存在的特大安全事故隐患，超出其管辖或者职责范围的，应当立即向有管辖权或者负有职责的上级人民政府或者政府有关部门报告；情况紧急的，可以立即采取包括责令暂停产、停业在内的紧急措施，同时报告；有关上级人民政府或者政府有关部门接到报告后，应当立即组织查处。

第十条 中小学校对学生进行劳动技能教育以及组织学生参加公益劳动等社会实践活动，必须确保学生安全。严禁以任何形式、名义组织学生从事接触易燃、易爆、有毒、有害等危险品的生产、经营场所。

中小学校违反前款规定的，按照学校隶属关系，对县（市、区）、乡（镇）人民政府主要领导人和县（市、区）人民政府教育行政部门正职负责人，根据情节轻重，给予记过、降级直至撤职的行政处分；构成玩忽职守罪或者其他罪的，依法追究刑事责任。

中小学校违反本条第一款规定的，对校长给予撤职的行政处分，对直接组织者给予开除公职的行政处分；构成非法制造爆炸物罪或者其他罪的，依法追究刑事责任。

第十一条 依法对涉及安全生产事项负责行政审批（包括批准、核准、许可、注册、认证、颁发证照、竣工验收等，下同）的政府部门或者机构，必须严格依照法律、法规和规章规定的安全条件和程序进行审查；不符合法律、法规和规章规定的安全条件的，不得批准；不符合法律、法规和规章规定的安全条件，弄虚作假，骗取批准或者勾结串通行政审批工作人员取得批准的，负责行政审批的政府部门或者机构除必须立即撤销原批准外，应当对弄虚作假骗取批准或者勾结串通行政审批工作人员的当事人依法给予行政处罚；构成行贿罪或者其他罪的，依法追究刑事责任。

负责行政审批的政府部门或者机构违反前款规定，对不符合法律、法规和规章规定的安全条件予以批准的，应当开除公职；构成受贿罪、玩忽职守罪或者其他罪的，依法追究刑事责任。

第十二条 对依照本规定第十一条第一款的规定取得批准的单位和个人，负责行政审批的政府部门或者机构必须对其实施严格监督检查；发现其不再具备安全条件的，必须立即撤销原批准。

负责行政审批的政府部门或者机构违反前款规定，不对取得批准的单位和个人实施严格监督检查，或者发现其不再具备安全条件而不立即撤销原批准的，对部门或者机构的正职负责人，根据情节轻重，给予降级或者撤职的行政处分；构成受贿罪、玩忽职守罪或者其他罪的，依法追究刑事责任。

第十三条 对未依法取得批准，擅自从事有关活动的，负责行政审批的政府部门或者机构发现或者接到举报后，应当立即予以查封、取缔，并依法给予行政处罚；属于经营单位的，由工商行政管理部门依法相应吊销营业执照。

负责行政审批的政府部门或者机构违反前款规定，对发现或者举报的未依法取得批准而擅自从事有关活动的，不予查封、取缔、不依法给予行政处罚，工商行政管理部门不予吊销营业执照的，对部门或者机构的正职负责人，根据情节轻重，给予降级或者撤职的行政处分；构成受贿罪、玩忽职守罪或者其他罪的，依法追究刑事责任。

第十四条 市（地、州）、县（市、区）人民政府依照本规定应当履行职责而未履行，或者未按照规定的职责和程序履行，本地区发生特大安全事故的，对政府主要领导人，根据情节轻重，给予降级或者撤职的行政处分；构成玩忽职守罪的，依法追究刑事责任。

负责行政审批的政府部门或者机构、负责安全监督管理的政府有关部门，未依照本规定履行职责，发生特大安全事故的，对部门或者机构的正职负责人，根据情节轻重，给予撤职或者开除公职的行政处分；构成玩忽职守罪或者其他罪的，依法追究刑事责任。

第十五条 发生特大安全事故，社会影响特别恶劣或者性质特别严重的，由国务院对负有领导责任的省长、自治区主席、直辖市市长和国务院有关部门正职负责人给予行政处分。

第十六条 特大安全事故发生后，有关县（市、区）、市（地、州）和省、自治区、直辖市人民政府及政府有关部门应当按照国家规定的程序和时限立即上报，不得隐瞒不报、谎报或者拖延报告，并应当配合、协助事故调查，不得以任何方式阻碍、干涉事故调查。

特大安全事故发生后，有关地方人民政府及政府有关部门违反前款规定的，对政府主要领导人和政府部门正职负责人给予降级的行政处分。

第十七条 特大安全事故发生后，有关地方人民政府应当迅速组织救助，有关部门应当服从指挥、调度，参加或者配合救助，将事故损失降到最低限度。

第十八条 特大安全事故发生后，省、自治区、直辖市人民政府应当按照国家有关规定迅速、如实发布事故消息。

第十九条 特大安全事故发生后，按照国家有关规定组织调查组对事故进行调查。事故调查工作应当自事故发生之日起60日内完成，并由调查组提出调查报告；遇有特殊情况的，经调查组提出并报国家安全生产监督管理机构批准后，可以适当延长时间。调查报告应当包括依照本规定对有关责任人员追究行政责任或者其他法律责任的意见。

省、自治区、直辖市人民政府应当自调查报告提交之日起30日内，对有关责任人员作出处理决定；必要时，国务院可以对特大安全事故的有关责任人员作出处理决定。

第二十条 地方人民政府或者政府部门阻挠、干涉对特大安全事故有关责任人员追究行政责任的，对该地方人民政府主要领导人或者政府部门正职负责人，根据情节轻重，给予降级或者撤职的行政处分。

第二十一条 任何单位和个人均有权向有关地方人民政府或者政府部门报告特大安全事故隐患，有权向上级人民政府或者政府部门举报地方人民政府或者政府部门不履行安全监督管理职责或者不按照规定履行职责的情况。接到报告或者举报的有关人民政府或者政府部门，应当立即组织对事故隐患进行查处，或者对举报的不履行、不按照规定履行安全监督管理职责的情况进行调查处理。

第二十二条 监察机关依照行政监察法的规定，对地方各级人民政府和政府部门及其工作人员履行安全监督管理职责实施监察。

第二十三条 对特大安全事故以外的其他安全事故的防范、发生追究行政责任的办法，由省、自治区、直辖市人民政府参照本规定制定。

第二十四条 本规定自公布之日起施行。

特别重大事故调查程序暂行规定

中华人民共和国国务院令

第 34 号

《特别重大事故调查程序暂行规定》已经 1989 年 1 月 3 日国务院第 31 次常委会议通过，现予发布施行。

总理　李　鹏

一九八九年三月二十九日

特别重大事故调查程序暂行规定

第一章　总　　则

第一条　为了保证特别重大事故的调查工作顺利进行，制定本规定。

第二条　本规定所称特别重大事故，是指造成特别重大人身身伤亡或者巨大经济损失以及性质特别严重、产生重大影响的事故。

第三条　本规定适用于特别重大事故（以下简称特大事故）的调查。但国家法律、法规已有规定的除外。

第四条　特大事故的调查工作，必须坚持实事求是、尊重科学的原则。

第五条　任何单位或者个人不得非法干预特大事故的调查工作。

第二章　特大事故的现场保护和报告

第六条　特大事故发生后，事故发生地的有关单位必须严格保护事故现场。

第七条　特大事故发生单位在事故发生后，必须做到：

（一）立即将所发生特大事故的情况，报告上级归口管理部门和所在地地方人民政府，并报告所在地的省、自治区、直辖市人民政府和国务院归口管理部门。

（二）在 24 小时内写出事故报告，报本条（一）项所列部门。

第八条　涉及军民两个方面的特大事故，特大事故发生单位的事故发生后，必须立即将所发生特大事故的情况报告当地警备司令部或最高军事机关，并应在 24 小时内写出事故报告，报上述单位。

第九条　省、自治区、直辖市人民政府和国务院归口管理部门，接到特大事故报告后，应当立即向国务院作出报告。

第十条　特大事故报告应当包括以下内容：

（一）事故发生的时间、地点、单位；

（二）事故的简要经过、伤亡人数、直接经济损失的初步估计；

（三）事故发生原因的初步判断；

（四）事故发生后采取的措施及事故控制情况；

（五）事故报告单位。

第十一条 特大事故发生单位所在地地方人民政府接到特大事故报告后，应当立即通知公安部门、人民检察机关和工会。

第十二条 特大事故发生地公安部门得知发生特大事故后，应当立即派人赴事故现场，负责事故现场的保护和收集证据的工作。

第十三条 特大事故发生单位所在地地方人民政府负责组织有关部门参加的特大事故现场勘查工作。

第十四条 因抢救人员、防止事故扩大以及疏通交通等原因，需要移动现场物件的，应当做出标志、绘制现场简图并写出书面记录，妥善保存现场重要痕迹、物证。

第十五条 特大事故发生后，特大事故发生单位所在地地方人民政府可以根据实际需要，将特大事故的有关情况通报当地驻军，请驻军参加事故的抢救或者给予必要的支援。

第三章 特大事故的调查

第十六条 特大事故发生后，按照事故发生单位和隶属关系，由省、自治区、直辖市人民政府或者国务院归口管理部门组织成立特大事故调查组，负责事故的调查工作。涉及军民两个方面的特大事故，组织事故调查的单位应当邀请军队派员参加事故的调查工作。

第十七条 国务院认为应当由国务院调查的特大事故，由国务院或国务院授权的部门组织成立特大事故调查组。

第十八条 特大事故调查组，应当根据所发生事故的具体情况，由事故发生地的归口管理部门、公安部门、监察部门、计划综合部门、劳动部门等单位派员组成，并应邀请人民检察机关和工会派员参加。

特大事故调查组根据调查工作的需要，可以选聘其他部门或者单位的人员参加，也可以聘请有关专家进行技术鉴定和财产损失评估。

第十九条 特大事故调查组成员应当符合下列条件：

（一）具有事故调查所需要的某一方面的专长；

（二）与所发生事故没有直接利害关系。

第二十条 特大事故调查组的职责如下：

（一）查明事故发生的原因、人员伤亡及财产损失情况；

（二）查明事故的性质和责任；

（三）提出事故处理及防止类似事故再次发生所应采取措施的建议；

（四）提出对事故责任者的处理建议；

（五）检查控制事故的应急措施是否得当和落实；

（六）写出事故调查报告。

第二十一条 特大事故调查组有权向事故发生单位、有关部门及有关人员了解事故的有关情况并索取有关资料。任何单位和个人不得拒绝。

第二十二条 任何单位和个人不得阻碍、干涉事故调查组的正常工作。

第二十三条 特大事故调查组写出事故调查报告后，应当报送组织调查的部门。经组织调查的部门同意，调查工作即告结束。

第四章　罚　　则

第二十四条　违反本规定，有下列行为之一者，特大事故调查组可建议有关部门或者单位对有关人员给予行政处罚；构成犯罪的，由司法机关依法追究刑事责任：

（一）对已发生的特大事故隐瞒不报、谎报或者故意拖延报告期限的；

（二）故意破坏事故现场的；

（三）阻碍、干涉调查工作正常进行的；

（四）无正当理由，拒绝接受特大事故调查组查询或者拒绝提供与事故有关的情况和资料的。

第二十五条　特大事故调查组成员有下列行为之一者，由有关部门给予行政处罚；构成犯罪的，由司法机关追究刑事责任：

（一）对调查工作不负责任，致使调查工作有重大疏漏的；

（二）索贿受贿、包庇事故责任者借机打击报复的。

第五章　附　　则

第二十六条　特大事故的处理，由组织特大事故调查的部门或其授权的部门负责；国务院认为应当由国务院处理的特大事故，由国务院或者国务院授权的部门负责事故的处理。涉及军民双方的特大事故，由国务院、中央军委或者国务院、中央军委授权的部门负责事故的处理。

第二十七条　本规定由劳动部负责解释。

第二十八条　本规定自发布之日起施行。

企业职工伤亡事故报告和处理规定

1991年2月22日中华人民共和国国务院令第75号公布，自1991年5月1日起施行。

第一章 总 则

第一条 为了及时报告、统计、调查和处理职工伤亡事故，积极采取预防措施，防止伤亡事故，制定本规定。

第二条 本规定适用于中华人民共和国境内的一切企业。

第三条 本规定所称伤亡事故，是指职工在劳动过程中发生的人身伤害、急性中毒事故。

第四条 伤亡事故的报告、统计、调查和处理工作必须坚持实事求是、尊重科学的原则。

第二章 事 故 报 告

第五条 伤亡事故发生后，负伤者或者事故现场有关人员应当立即直接或者逐级报告企业负责人。

第六条 企业负责人接到重伤、死亡、重大死亡事故报告后，应当立即报告企业主管部门和企业所在地劳动部门、公安部门、人民检察院、工会。

第七条 企业主管部门和劳动部门接到死亡、重大死亡事故报告后，应当立即按系统逐级上报；死亡事故报至省、自治区、直辖市企业主管部门和劳动部门；重大死亡事故报至国务院有关主管部门、劳动部门。

第八条 发生死亡、重大死亡事故的企业应当保护事故现场，并迅速采取必要措施抢救人员和财产，防止事故扩大。

第三章 事 故 调 查

第九条 轻伤、重伤事故，由企业负责人或其指定人员组织生产、技术、安全等有关人员以及工会成员参加的事故调查组，进行调查。

第十条 死亡事故，由企业主管部门会同企业所在地设区的市（或者相当于设区的市一级）劳动部门、公安部门、工会组成事故调查组，进行调查。

重大死亡事故，按照企业的隶属关系由省、自治区、直辖市企业主管部门或者国务院有关主管部门会同同级劳动部门、公安部门、监察部门、工会组成事故调查组，进行调查。

前两款的事故调查组应当邀请人民检察院派员参加，还可邀请其他部门的人员和有关专家参加。

第十一条 事故调查组成员应当符合下列条件：

（一）具有事故调查所需要的某一方面的专长；

（二）与所发生事故没有直接利害关系。

第十二条 事故调查组的职责：

（一）查明事故发生原因、过程和人员伤亡、经济损失情况；

（二）确定事故责任者；

（三）提出事故处理意见和防范措施的建议；

（四）写出事故调查报告。

第十三条 事故调查组有权向发生事故的企业和有关单位、有关人员了解有关情况和索取有关资料，任何单位和个人不得拒绝。

第十四条 事故调查组在查明事故情况以后，如果对事故的分析和事故责任者的处理不能取得一致意见，劳动部门有权提出结论性意见；如果仍有不同意见，应当报上级劳动部门商有关部门处理；仍不能达成一致意见的，报同级人民政府裁决。但不得超过事故处理工作的时限。

第十五条 任何单位和个人不得阻碍、干涉事故调查组的正常工作。

第四章 事 故 处 理

第十六条 事故调查组提出的事故处理意见和防范措施建议，由发生事故的企业及其主管部门负责处理。

第十七条 因忽视安全生产、违章指挥、违章作业、玩忽职守或者发现事故隐患、危害情况而不采取有效措施以致造成伤亡事故的，由企业主管部门或者企业按照国家有关规定，对企业负责人和直接责任人员给予行政处分；构成犯罪的，由司法机关依法追究刑事责任。

第十八条 违反本规定，在伤亡事故发生后隐瞒不报、谎报、故意迟延不报、故意破坏事故现场，或者无正常理由，拒绝接受调查以及拒绝提供有关情况和资料的，由有关部门按照国家有关规定，对有关单位负责人和直接责任人员给予行政处分；构成犯罪的，由司法机关依法追究刑事责任。

第十九条 在调查、处理伤亡事故中玩忽职守、徇私舞弊或者打击报复的，由其所在单位按照国家有关规定给予行政处分；构成犯罪的，由司法机关依法追究刑事责任。

第二十条 伤亡事故处理工作应当在九十日内结案，特殊情况不得超过一百八十日。伤亡事故处理结案后，应当公开宣布处理结果。

第五章 附 则

第二十一条 伤亡事故统计办法和报表格式由国务院劳动部门会同国务院统计部门按照国家有关规定制定。

伤亡事故经济损失的确定办法和事故的分类办法由国务院劳动部门会同国务院有关部门制定。

伤亡事故的调查、处理，法律、行政法规另有专门规定的，从其规定。

第二十二条 劳动部门对企业执行本规定的情况进行监督检查。

第二十三条 发生特别重大事故应当按照国家有关规定办理。

第二十四条 国家机关、事业单位、人民团体发生的伤亡事故参照本规定执行。

第二十五条 本规定由国务院劳动部门负责解释。

第二十六条 本规定自1991年5月1日起施行，1956年国务院发布的《工人职员伤亡事故报告规程》同时废止。

工程建设重大事故报告和调查程序规定

中华人民共和国建设部令

第3号

《工程建设重大事故报告和调查程序规定》,已于一九八九年九月十九日经建设部部务会议审议通过，现予发布，自一九八九年十二月一日起施行。

部长　林汉雄

一九八九年九月三十日

工程建设重大事故报告和调查程序规定

第一章　总　　则

第一条　为了保证工程建设重大事故及时报告和顺利调查,维护国家财产和人民生命安全，制定本规定。

第二条　本规定所称重大事故,系指在工程建设过程中由于责任过失造成工程倒塌或报废、机械设备毁坏和安全设施失当造成人身伤亡或者重大经济损失的事故。

第三条　重大事故分为四个等级：

(一) 具备下列条件之一者为一级重大事故：

1. 死亡三十人以上；

2. 直接经济损失三百万元以上。

(二) 具备下列条件之一者为二级重大事故：

1. 死亡十人以上，二十九人以下；

2. 直接经济损失一百万元以上，不满三百万元。

(三) 具备下列条件之一者为三级重大事故：

1. 死亡三人以上，九人以下；

2. 重伤二十人以上；

3. 直接经济损失三十万元以上，不满一百万元。

(四) 具备下列条件之一者为四级重大事故：

1. 死亡二人以下；

2. 重伤三人以上，十九人以下；

3. 直接经济损失十万元以上，不满三十万元。

第四条　重大事故发生后，事故发生单位必须及时报告。

重大事故的调查工作必须坚持实事求是、尊重科学的原则。

第五条　建设部归口管理全国工程建设重大事故；省、自治区、直辖市建设行政主管部门归口管理本辖区内的工程建设重大事故；国务院各有关主管部门管理所属单位的工程建设重大事故。

第二章　重大事故的报告和现场保护

第六条　重大事故发生后，事故发生单位必须以最快方式，将事故的简要情况向上级主管部门和事故发生地的市、县级建设行政主管部门及检察、劳动（如有人身伤亡）部门报告；事故发生单位属于国务院部委的，应同时向国务院有关主管部门报告。

事故发生地的市、县级建设行政主管部门接到报告后，应当立即向人民政府和省、自治区、直辖市建设行政主管部门报告；省、自治区、直辖市建设行政主管部门接到报告后，应当立即向人民政府和建设部报告。

第七条　重大事故发生后，事故发生单位应当在二十四小时内写出书面报告，按第六条所列程序和部门逐级上报。

重大事故书面报告应当包括以下内容：

（一）事故发生的时间、地点、工程项目、企业名称；

（二）事故发生的简要经过、伤亡人数和直接经济损失的初步估计；

（三）事故发生原因的初步判断；

（四）事故发生后采取的措施及事故控制情况；

（五）事故报告单位。

第八条　事故发生后，事故发生单位和事故发生地的建设行政主管部门，应当严格保护事故现场，采取有效措施抢救人员和财产，防止事故扩大。

因抢救人员、疏导交通等原因，需要移动现场物件时，应当做出标志，绘制现场简图并做出书面记录，妥善保存现场重要痕迹、物证，有条件的可以拍照或录相。

第三章　重大事故的调查

第九条　重大事故的调查由事故发生地的市、县级以上建设行政主管部门或国务院有关主管部门组织成立调查组负责进行。

调查组由建设行政主管部门、事故发生单位的主管部门和劳动等有关部门的人员组成，并应邀请人民检察机关和工会派员参加。

必要时，调查组可以聘请有关方面的专家协助进行技术鉴定、事故分析和财产损失的评估工作。

第十条　一、二级重大事故由省、自治区、直辖市建设行政主管部门提出调查组组成意见，报请人民政府批准；

三、四级重大事故由事故发生地的市、县级建设行政主管部门提出调查组组成意见，报请人民政府批准。

事故发生单位属于国务院部委的，按本条一、二款的规定，由国务院有关主管部门或其授权部门会同当地建设行政主管部门提出调查组组成意见。

第十一条　重大事故调查组的职责：

（一）组织技术鉴定；

（二）查明事故发生的原因、过程、人员伤亡及财产损失情况；

（三）查明事故的性质、责任单位和主要责任者；

（四）提出事故处理意见及防止类似事故再次发生所应采取措施的建议；

（五）提出对事故责任者的处理建议；

（六）写出事故调查报告。

第十二条 调查组有权向事故发生单位、各有关单位和个人了解事故的有关情况，索取有关资料，任何单位和个人不得拒绝和隐瞒。

第十三条 任何单位和个人不得以任何方式阻碍、干扰调查组的正常工作。

第十四条 调查组在调查工作结束后十日内，应当将调查报告报送批准组成调查组的人民政府和建设行政主管部门以及调查组其他成员部门。经组织调查的部门同意，调查工作即告结束。

第十五条 事故处理完毕后，事故发生单位应当尽快写出详细的事故处理报告，按第六条所列程序逐级上报。

第四章　罚　　则

第十六条 事故发生后隐瞒不报、谎报、故意拖延报告期限的，故意破坏现场的，阻碍调查工作正常进行的，无正当理由拒绝调查组查询或者拒绝提供与事故有关情况、资料的，以及提供伪证的，由其所在单位或上级主管部门按有关规定给予行政处分；构成犯罪的，由司法机关依法追究刑事责任。

第十七条 对造成重大事故的责任者，由其所在单位或上级主管部门给予行政处分；构成犯罪的，由司法机关依法追究刑事责任。

第十八条 对造成重大事故承担直接责任的建设单位、勘察设计单位、施工单位、构配件生产单位及其他单位，由其上级主管部门或当地建设行政主管部门，根据调查组的建议，令其限期改善工程建设技术安全措施，并依据有关法规予以处罚。

第五章　附　　则

第十九条 工程建设重大事故中属于特别重大事故者，其报告、调查程序，执行国务院发布的《特别重大事故调查程序暂行规定》及有关规定。

第二十条 本规定由建设部负责解释。

第二十一条 本规定自一九八九年十二月一日起施行。

建筑施工企业安全生产许可证管理规定

中华人民共和国建设部令

第 128 号

《建筑施工企业安全生产许可证管理规定》已于2004年6月29日经第37次部常务会议讨论通过，现予发布，自公布之日起施行。

部长　汪光焘

二〇〇四年七月五日

建筑施工企业安全生产许可证管理规定

第一章　总　　则

第一条　为了严格规范建筑施工企业安全生产条件，进一步加强安全生产监督管理，防止和减少生产安全事故，根据《安全生产许可证条例》、《建设工程安全生产管理条例》等有关行政法规，制定本规定。

第二条　国家对建筑施工企业实行安全生产许可制度。

建筑施工企业未取得安全生产许可证的，不得从事建筑施工活动。

本规定所称建筑施工企业，是指从事土木工程、建筑工程、线路管道和设备安装工程及装修工程的新建、扩建、改建和拆除等有关活动的企业。

第三条　国务院建设主管部门负责中央管理的建筑施工企业安全生产许可证的颁发和管理。

省、自治区、直辖市人民政府建设主管部门负责本行政区域内前款规定以外的建筑施工企业安全生产许可证的颁发和管理，并接受国务院建设主管部门的指导和监督。

市、县人民政府建设主管部门负责本行政区域内建筑施工企业安全生产许可证的监督管理，并将监督检查中发现的企业违法行为及时报告安全生产许可证颁发管理机关。

第二章　安全生产条件

第四条　建筑施工企业取得安全生产许可证，应当具备下列安全生产条件：

（一）建立、健全安全生产责任制，制定完备的安全生产规章制度和操作规程；

（二）保证本单位安全生产条件所需资金的投入；

（三）设置安全生产管理机构，按照国家有关规定配备专职安全生产管理人员；

（四）主要负责人、项目负责人、专职安全生产管理人员经建设主管部门或者其他有关部门考核合格；

（五）特种作业人员经有关业务主管部门考核合格，取得特种作业操作资格证书；

（六）管理人员和作业人员每年至少进行一次安全生产教育培训并考核合格；

（七）依法参加工伤保险，依法为施工现场从事危险作业的人员办理意外伤害保险，为从业人员交纳保险费；

（八）施工现场的办公、生活区及作业场所和安全防护用具、机械设备、施工机具及配件符合有关安全生产法律、法规、标准和规程的要求；

（九）有职业危害防治措施，并为作业人员配备符合国家标准或者行业标准的安全防护用具和安全防护服装；

（十）有对危险性较大的分部分项工程及施工现场易发生重大事故的部位、环节的预防、监控措施和应急预案；

（十一）有生产安全事故应急救援预案、应急救援组织或者应急救援人员，配备必要的应急救援器材、设备；

（十二）法律、法规规定的其他条件。

第三章　安全生产许可证的申请与颁发

第五条　建筑施工企业从事建筑施工活动前，应当依照本规定向省级以上建设主管部门申请领取安全生产许可证。

中央管理的建筑施工企业（集团公司、总公司）应当向国务院建设主管部门申请领取安全生产许可证。

前款规定以外的其他建筑施工企业，包括中央管理的建筑施工企业（集团公司、总公司）下属的建筑施工企业，应当向企业注册所在地省、自治区、直辖市人民政府建设主管部门申请领取安全生产许可证。

第六条　建筑施工企业申请安全生产许可证时，应当向建设主管部门提供下列材料：

（一）建筑施工企业安全生产许可证申请表；

（二）企业法人营业执照；

（三）第四条规定的相关文件、材料。

建筑施工企业申请安全生产许可证，应当对申请材料实质内容的真实性负责，不得隐瞒有关情况或者提供虚假材料。

第七条　建设主管部门应当自受理建筑施工企业的申请之日起45日内审查完毕；经审查符合安全生产条件的，颁发安全生产许可证；不符合安全生产条件的，不予颁发安全生产许可证，书面通知企业并说明理由。企业自接到通知之日起应当进行整改，整改合格后方可再次提出申请。

建设主管部门审查建筑施工企业安全生产许可证申请，涉及铁路、交通、水利等有关专业工程时，可以征求铁路、交通、水利等有关部门的意见。

第八条　安全生产许可证的有效期为3年。安全生产许可证有效期满需要延期的，企业应当于期满前3个月向原安全生产许可证颁发管理机关申请办理延期手续。

企业在安全生产许可证有效期内，严格遵守有关安全生产的法律法规，未发生死亡事故的，安全生产许可证有效期届满时，经原安全生产许可证颁发管理机关同意，不再审查，安全生产许可证有效期延期3年。

第九条　建筑施工企业变更名称、地址、法定代表人等，应当在变更后10日内，到原安全生产许可证颁发管理机关办理安全生产许可证变更手续。

第十条　建筑施工企业破产、倒闭、撤销的，应当将安全生产许可证交回原安全生产许可证颁发管理机关予以注销。

第十一条 建筑施工企业遗失安全生产许可证,应当立即向原安全生产许可证颁发管理机关报告,并在公众媒体上声明作废后,方可申请补办。

第十二条 安全生产许可证申请表采用建设部规定的统一式样。

安全生产许可证采用国务院安全生产监督管理部门规定的统一式样。

安全生产许可证分正本和副本,正、副本具有同等法律效力。

第四章 监督管理

第十三条 县级以上人民政府建设主管部门应当加强对建筑施工企业安全生产许可证的监督管理。建设主管部门在审核发放施工许可证时,应当对已经确定的建筑施工企业是否有安全生产许可证进行审查,对没有取得安全生产许可证的,不得颁发施工许可证。

第十四条 跨省从事建筑施工活动的建筑施工企业有违反本规定行为的,由工程所在地的省级人民政府建设主管部门将建筑施工企业在本地区的违法事实、处理结果和处理建议抄告原安全生产许可证颁发管理机关。

第十五条 建筑施工企业取得安全生产许可证后,不得降低安全生产条件,并应当加强日常安全生产管理,接受建设主管部门的监督检查。安全生产许可证颁发管理机关发现企业不再具备安全生产条件的,应当暂扣或者吊销安全生产许可证。

第十六条 安全生产许可证颁发管理机关或者其上级行政机关发现有下列情形之一的,可以撤销已经颁发的安全生产许可证:

(一)安全生产许可证颁发管理机关工作人员滥用职权、玩忽职守颁发安全生产许可证的;

(二)超越法定职权颁发安全生产许可证的;

(三)违反法定程序颁发安全生产许可证的;

(四)对不具备安全生产条件的建筑施工企业颁发安全生产许可证的;

(五)依法可以撤销已经颁发的安全生产许可证的其他情形。

依照前款规定撤销安全生产许可证,建筑施工企业的合法权益受到损害的,建设主管部门应当依法给予赔偿。

第十七条 安全生产许可证颁发管理机关应当建立、健全安全生产许可证档案管理制度,定期向社会公布企业取得安全生产许可证的情况,每年向同级安全生产监督管理部门通报建筑施工企业安全生产许可证颁发和管理情况。

第十八条 建筑施工企业不得转让、冒用安全生产许可证或者使用伪造的安全生产许可证。

第十九条 建设主管部门工作人员在安全生产许可证颁发、管理和监督检查工作中,不得索取或者接受建筑施工企业的财物,不得谋取其他利益。

第二十条 任何单位或者个人对违反本规定的行为,有权向安全生产许可证颁发管理机关或者监察机关等有关部门举报。

第五章 罚则

第二十一条 违反本规定,建设主管部门工作人员有下列行为之一的,给予降级或者撤职的行政处分；构成犯罪的，依法追究刑事责任：

（一）向不符合安全生产条件的建筑施工企业颁发安全生产许可证的；

（二）发现建筑施工企业未依法取得安全生产许可证擅自从事建筑施工活动，不依法处理的；

（三）发现取得安全生产许可证的建筑施工企业不再具备安全生产条件，不依法处理的；

（四）接到对违反本规定行为的举报后，不及时处理的；

（五）在安全生产许可证颁发、管理和监督检查工作中，索取或者接受建筑施工企业的财物，或者谋取其他利益的。

由于建筑施工企业弄虚作假，造成前款第（一）项行为的，对建设主管部门工作人员不予处分。

第二十二条 取得安全生产许可证的建筑施工企业，发生重大安全事故的，暂扣安全生产许可证并限期整改。

第二十三条 建筑施工企业不再具备安全生产条件的，暂扣安全生产许可证并限期整改；情节严重的，吊销安全生产许可证。

第二十四条 违反本规定，建筑施工企业未取得安全生产许可证擅自从事建筑施工活动的，责令其在建项目停止施工，没收违法所得，并处10万元以上50万元以下的罚款；造成重大安全事故或者其他严重后果，构成犯罪的，依法追究刑事责任。

第二十五条 违反本规定，安全生产许可证有效期满未办理延期手续，继续从事建筑施工活动的，责令其在建项目停止施工，限期补办延期手续，没收违法所得，并处5万元以上10万元以下的罚款；逾期仍不办理延期手续，继续从事建筑施工活动的，依照本规定第二十四条的规定处罚。

第二十六条 违反本规定，建筑施工企业转让安全生产许可证的，没收违法所得，处10万元以上50万元以下的罚款，并吊销安全生产许可证；构成犯罪的，依法追究刑事责任；接受转让的，依照本规定第二十四条的规定处罚。

冒用安全生产许可证或者使用伪造的安全生产许可证的，依照本规定第二十四条的规定处罚。

第二十七条 违反本规定，建筑施工企业隐瞒有关情况或者提供虚假材料申请安全生产许可证的，不予受理或者不予颁发安全生产许可证，并给予警告，1年内不得申请安全生产许可证。

建筑施工企业以欺骗、贿赂等不正当手段取得安全生产许可证的，撤销安全生产许可证，3年内不得再次申请安全生产许可证；构成犯罪的，依法追究刑事责任。

第二十八条 本规定的暂扣、吊销安全生产许可证的行政处罚，由安全生产许可证的颁发管理机关决定；其他行政处罚，由县级以上地方人民政府建设主管部门决定。

第六章 附 则

第二十九条 本规定施行前已依法从事建筑施工活动的建筑施工企业，应当自《安全生产许可证条例》施行之日起（2004年1月13日起）1年内向建设主管部门申请办理建筑施工企业安全生产许可证；逾期不办理安全生产许可证，或者经审查不符合本规定的安全生产条件，未取得安全生产许可证，继续进行建筑施工活动的，依照本规定第二十四条的规定处罚。

第三十条 本规定自公布之日起施行。

建设工程施工现场管理规定

中华人民共和国建设部令

第 15 号

第一章　总　　则

第一条　为加强建设工程施工现场管理，保障建设工程施工顺利进行，制定本规定。

第二条　本规定所称建设工程施工现场，是指进行工业和民用项目的房屋建筑、土木工程、设备安装、管线敷设等施工活动，经批准占用的施工场地。

第三条　一切与建设工程施工活动有关的单位和个人，必须遵守本规定。

第四条　国务院建设行政主管部门归口负责全国建设工程施工现场的管理工作。

国务院各有关部门负责其直属施工单位施工现场的管理工作。

县级以上地方人民政府建设行政主管部门负责本行政区域内建设工程施工现场的管理工作。

第二章　一 般 规 定

第五条　建设工程开工实行施工许可证制度。建设单位应当按计划批准的开工项目向工程所在地县级以上地方人民政府建设行政主管部门办理施工许可证手续。申请施工许可证应当具备下列条件：

（一）设计图纸供应已落实；

（二）征地拆迁手续已完成；

（三）施工单位已确定；

（四）资金、物资和为施工服务的市政公用设施等已落实；

（五）其他应当具备的条件已落实。

未取得施工许可证的建设单位不得擅自组织开工。

第六条　建设单位经批准取得施工许可证后，应当自批准之日起两个月内组织开工；因故不能按期开工的，建设单位应当在期满前向发证部门说明理由，申请延期。不按期开工又不按期申请延期的，已批准的施工许可证失效。

第七条　建设工程开工前，建设单位或者发包单位应当指定施工现场总代表人，施工单位应当指定项目经理，并分别将总代表人和项目经理的姓名及授权事项书面通知对方，同时报第五条规定的发证部门备案。

在施工过程中，总代表人或者项目经理发生变更的，应当按照前款规定重新通知对方和备案。

第八条　项目经理全面负责施工过程中的现场管理，并根据工程规模、技术复杂程度和施工现场的具体情况，建立施工现场管理责任制，并组织实施。

第九条　建设工程实行总包和分包的，由总包单位负责施工现场的统一管理，监督检查分包单位的施工现场活动。分包单位应当在总包单位的统一管理下，在其分包范围内建立施工现场管理责任制，并组织实施。

总包单位可以受建设单位的委托，负责协调该施工现场内由建设单位直接发包的其他单位的施工现场活动。

第十条 施工单位必须编制建设工程施工组织设计。建设工程实行总包和分包的，由总包单位负责编制施工组织设计或者分阶段施工组织设计。分包单位在总包单位的总体部署下，负责编制分包工程的施工组织设计。

第十一条 施工组织设计应当包括下列主要内容：

（一）工程任务情况；

（二）施工总方案、主要施工方法、工程施工进度计划、主要单位工程综合进度计划和施工力量、机具及部署；

（三）施工组织技术措施，包括工程质量、安全防护以及环境污染防护等各种措施；

（四）施工总平面布置图；

（五）总包和分包的分工范围及交叉施工部署等。

第十二条 建设工程施工必须按照批准的施工组织设计进行。在施工过程中确需对施工组织设计进行重大修改的，必须报经批准部门同意。

第十三条 建设工程施工应当在批准的施工场地内组织进行。需要临时征用施工场地或者临时占用道路的，应当依法办理有关批准手续。

第十四条 由于特殊原因，建设工程需要停止施工两个月以上的，建设单位或施工单位应当将停工原因及停工时间向当地人民政府建设行政主管部门报告。

第十五条 建设工程施工中需要进行爆破作业的，必须经上级主管部门审查同意，并持说明使用爆破器材的地点、品名、数量、用途、四邻距离的文件和安全操作规程，向所在地县、市公安局申请《爆破物品使用许可证》，方可使用。进行爆破作业时，必须遵守爆破安全规程。

第十六条 建设工程施工中需要架设临时电网、移动电缆等，施工单位应当向有关主管部门提出申请，经批准后在有关专业技术人员指导下进行。

施工中需要停水、停电、封路而影响到施工现场周围地区的单位和居民时，必须经有关主管部门批准，并事先通告受影响的单位和居民。

第十七条 施工单位进行地下工程或者基础工程施工时，发现文物、古化石、爆炸物、电缆等应当暂停施工，保护好现场，并及时向有关部门报告，在按照有关规定处理后，方可继续施工。

第十八条 建设工程竣工后，建设单位应当组织设计、施工单位共同编制工程竣工图，进行工程质量评议，整理各种技术资料，及时完成工程初验，并向有关主管部门提交竣工验收报告。

单项工程竣工验收合格的，施工单位可以将该单项工程移交建设单位管理。全部工程验收合格后，施工单位方可解除施工现场的全部管理责任。

第三章　文明施工管理

第十九条 施工单位应当贯彻文明施工的要求，推行现代管理方案，科学组织施工，做好施工现场的各项管理工作。

第二十条 施工单位应当按照施工总平面布置图设置各项临时设施。堆放大宗材料、成品、半成品和机具设备，不得侵占场内道路及安全防护等设施。

建设工程实行总包和分包的，分包单位确需进行改变施工总平面布置图活动的，应当先向总包单位提出申请，经总包单位同意后方可实施。

第二十一条 施工现场必须设置明显的标牌，标明工程项目名称、建设单位、设计单位、施工单位、项目经理和施工现场总代表人的姓名，开、竣工日期，施工许可证批准文号等。施工单位负责施工现场标牌的保护工作。

施工现场的主要管理人员在施工现场应当佩戴证明其身份的证卡。

第二十二条 施工现场的用电线路、用电设施的安装和使用必须符合安装规范和安全操作规程，并按照施工组织设计进行架设，严禁任意拉线接电。施工现场必须设有保证施工安全要求的夜间照明；危险潮湿场所的照明以及手持照明灯具，必须采用符合安全要求的电压。

第二十三条 施工机械应当按照施工总平面布置图规定的位置和线路设置，不得任意侵占场内道路。施工机械进场须经过安全检查，经检查合格的方能使用。施工机械操作人员必须建立机组责任制，并依照有关规定持证上岗，禁止无证人员操作。

第二十四条 施工单位应该保证施工现场道路畅通，排水系统处于良好的使用状态；保持场容场貌的整洁，随时清理建筑垃圾。在车辆、行人通行的地方施工，应当设置沟井坎穴覆盖物和施工标志。

第二十五条 施工单位必须执行国家有关安全生产和劳动保护的法规，建立安全生产责任制，加强规范化管理，进行安全交底、安全教育和安全宣传，严格执行安全技术方案。施工现场的各种安全设施和劳动保护器具，必须定期进行检查和维护，及时消除隐患，保证其安全有效。

第二十六条 施工现场应当设置各类必要的职工生活设施，并符合卫生、通风、照明等要求。职工的膳食、饮水供应等应当符合卫生要求。

第二十七条 建设单位或者施工单位应当做好施工现场安全保卫工作，采取必要的防盗措施，在现场周边设立围护设施。施工现场在市区的，周围应当设置遮挡围栏，临街的脚手架也应当设置相应的围护设施。非施工人员不得擅自进入施工现场。

第二十八条 非建设行政主管部门对建设工程施工现场实施监督检查时，应当通过或者会同当地人民政府建设行政主管部门进行。

第二十九条 施工单位应当严格依照《中华人民共和国消防条例》的规定，在施工现场建立和执行防火管理制度，设置符合消防要求的消防设施，并保持完好的备用状态。在容易发生火灾的地区施工或者储存、使用易燃易爆器材时，施工单位应当采取特殊的消防安全措施。

第三十条 施工现场发生的工程建设重大事故的处理，依照《工程建设重大事故报告和调查程序规定》执行。

第四章 环境管理

第三十一条 施工单位应当遵守国家有关环境保护的法律规定，采取措施控制施工现场的各种粉尘、废气、废水、固体废弃物以及噪声、振动对环境的污染和危害。

第三十二条 施工单位应当采取下列防止环境污染的措施：

（一）妥善处理泥浆水，未经处理不得直接排入城市排水设施和河流；

（二）除设有符合规定的装置外，不得在施工现场熔融沥青或者焚烧油毡、油漆以及其他会产生有毒有害烟尘和恶臭气体的物质；

（三）使用密封式的圈筒或者采取其他措施处理高空废弃物；

（四）采取有效措施控制施工过程中的扬尘；

（五）禁止将有毒有害废弃物用作土方回填；

（六）对产生噪声、振动的施工机械，应采取有效控制措施，减轻噪声扰民。

第三十三条 建设工程施工由于受技术、经济条件限制，对环境的污染不能控制在规定范围内的，建设单位应当会同施工单位事先报请当地人民政府建设行政主管部门和环境行政主管部门批准。

第五章 罚 则

第三十四条 违反本规定，有下列行为之一的，由县级以上地方人民政府建设行政主管部门根据情节轻重，给予警告、通报批评、责令限期改正、责令停止施工整顿、吊销施工许可证，并可处以罚款：

（一）未取得施工许可证而擅自开工的；

（二）施工现场的安全设施不符合规定或者管理不善的；

（三）施工现场的生活设施不符合卫生要求的；

（四）施工现场管理混乱，不符合保卫、场容等管理要求的；

（五）其他违反本规定的行为。

第三十五条 违反本规定，构成治安管理处罚的，由公安机关依照《中华人民共和国治安管理处罚条例》处罚；构成犯罪的，由司法机关依法追究其刑事责任。

第三十六条 当事人对行政处罚决定不服的，可以在接到处罚通知之日起15日内，向作出处罚决定机关的上一级机关申请复议，对复议决定不服的，可以在接到复议决定之日起向人民法院起诉；也可以直接向人民法院起诉。逾期不申请复议，也不向人民法院起诉，又不履行处罚决定的，由作出处罚决定的机关申请人民法院强制执行。

对治安管理处罚不服的，依照《中华人民共和国治安管理处罚条例》的规定处理。

第六章 附 则

第三十七条 国务院各有关部门和省、自治区、直辖市人民政府建设行政主管部门可以根据本规定制定实施细则。

第三十八条 本规定由国务院建设行政主管部门负责解释。

第三十九条 本规定自1992年1月1日起施行。原国家建工总局1981年5月11日发布的《关于施工管理的若干规定》与本规定相抵触的，按照本规定执行。

关于印发《建筑施工企业安全生产管理机构设置及专职安全生产管理人员配备办法》和《危险性较大工程安全专项施工方案编制及专家论证审查办法》的通知

建质[2004]213号

各省、自治区建设厅、直辖市建委，江苏省、山东省建管局，新疆生产建设兵团建设局：

现将《建筑施工企业安全生产管理机构设置及专职安全生产管理人员配备办法》和《危险性较大工程安全专项施工方案编制及专家论证审查办法》印发给你们，请结合实际，贯彻执行。

中华人民共和国建设部

二〇〇四年十二月一日

建筑施工企业安全生产管理机构设置及专职安全生产管理人员配备办法

第一条 为规范建筑施工企业和建设工程项目安全生产管理机构的设置及专职安全生产管理人员的配置工作，根据《建设工程安全生产管理条例》，制定本办法。

第二条 本办法适用于土木工程、建筑工程、线路管道和设备安装工程及装修工程的新建、改建、扩建和拆除等活动。

第三条 安全生产管理机构是指建筑施工企业及其在建设工程项目中设置的负责安全生产管理工作的独立职能部门。

建筑施工企业所属的分公司、区域公司等较大的分支机构应当各自独立设置安全生产管理机构，负责本企业（分支机构）的安全生产管理工作。建筑施工企业及其所属分公司、区域公司等较大的分支机构必须在建设工程项目中设立安全生产管理机构。

安全生产管理机构的职责主要包括：落实国家有关安全生产法律法规和标准、编制并适时更新安全生产管理制度、组织开展全员安全教育培训及安全检查等活动。

第四条 专职安全生产管理人员是指经建设主管部门或者其他有关部门安全生产考核合格，并取得安全生产考核合格证书在企业从事安全生产管理工作的专职人员，包括企业安全生产管理机构的负责人及其工作人员和施工现场专职安全生产管理人员。

企业安全生产管理机构负责人依据企业安全生产实际，适时修订企业安全生产规章制度，调配各级安全生产管理人员，监督、指导并评价企业各部门或分支机构的安全生产管理工作，配合有关部门进行事故的调查处理等。

企业安全生产管理机构工作人员负责安全生产相关数据统计、安全防护和劳动保护用品配备及检查、施工现场安全督查等。

施工现场专职安全生产管理人员负责施工现场安全生产巡视督查，并做好记录。发现现场存在安全隐患时，应及时向企业安全生产管理机构和工程项目经理报告；对违章指挥、违章操作的，应立即制止。

第五条 建筑施工总承包企业安全生产管理机构内的专职安全生产管理人员应当按企业资质类别和等级足额配备，根据企业生产能力或施工规模，专职安全生产管理人员人数至少为：

（一）集团公司——1人／百万平方米·年（生产能力）或每十亿施工总产值·年，且不少于4人。

（二）工程公司（分公司、区域公司）——1人／十万平方米·年（生产能力）或每一亿施工总产值·年，且不少于3人。

（三）专业公司——1人／十万平方米·年（生产能力）或每一亿施工总产值·年，且不少于3人。

（四）劳务公司——1人／五十名施工人员，且不少于2人。

第六条 建设工程项目应当成立由项目经理负责的安全生产管理小组，小组成员应包括企业派驻到项目的专职安全生产管理人员，专职安全生产管理人员的配置为：

（一）建筑工程、装修工程按照建筑面积：

1．1万平方米及以下的工程至少1人；

2．1万～5万平方米的工程至少2人；

3．5万平方米以上的工程至少3人，应当设置安全主管，按土建、机电设备等专业设置专职安全生产管理人员。

（二）土木工程、线路管道、设备按照安装总造价：

1．5000万元以下的工程至少1人；

2．5000万～1亿元的工程至少2人；

3．1亿以上的工程至少3人，应当设置安全主管，按土建、机电设备等专业设置专职安全生产管理人员。

第七条 工程项目采用新技术、新工艺、新材料或致害因素多、施工作业难度大的工程项目，施工现场专职安全生产管理人员的数量应当根据施工实际情况，在第六条规定的配置标准上增配。

第八条 劳务分包企业建设工程项目施工人员50人以下的，应当设置1名专职安全生产管理人员；50人～200人的，应设2名专职安全生产管理人员；200人以上的，应根据所承担的分部分项工程施工危险实际情况增配，并不少于企业总人数的5‰。

第九条 施工作业班组应设置兼职安全巡查员，对本班组的作业场所进行安全监督检查。

第十条 国务院铁路、交通、水利等有关部门和各地可依照本办法制定实施细则。有关部门已有规定的，从其规定。

第十一条 本办法由建设部负责解释。

危险性较大工程安全专项施工方案编制及专家论证审查办法

第一条 为加强建设工程项目的安全技术管理，防止建筑施工安全事故，保障人身和财产安全，依据《建设工程安全生产管理条例》，制定本办法。

第二条 本办法适用于土木工程、建筑工程、线路管道和设备安装工程及装修工程的新建、改建、扩建和拆除等活动。

第三条 危险性较大工程是指依据《建设工程安全生产管理条例》第二十六条所指的七项分部分项工程，并应当在施工前单独编制安全专项施工方案。

（一）基坑支护与降水工程

基坑支护工程是指开挖深度超过5m（含5m）的基坑（槽）并采用支护结构施工的工程；或基坑虽未超过5m，但地质条件和周围环境复杂、地下水位在坑底以上等工程。

（二）土方开挖工程

土方开挖工程是指开挖深度超过5m（含5m）的基坑、槽的土方开挖。

（三）模板工程

各类工具式模板工程，包括滑模、爬模、大模板等；水平混凝土构件模板支撑系统及特殊结构模板工程。

（四）起重吊装工程

（五）脚手架工程

1．高度超过24m的落地式钢管脚手架；

2．附着式升降脚手架，包括整体提升与分片式提升；

3．悬挑式脚手架；

4．门型脚手架；

5．挂脚手架；

6．吊篮脚手架；

7．卸料平台。

（六）拆除、爆破工程

采用人工、机械拆除或爆破拆除的工程。

（七）其他危险性较大的工程

1．建筑幕墙的安装施工；

2．预应力结构张拉施工；

3．隧道工程施工；

4．桥梁工程施工（含架桥）；

5．特种设备施工；

6．网架和索膜结构施工；

7．6m以上的边坡施工；

8．大江、大河的导流、截流施工；

9．港口工程、航道工程；

10．采用新技术、新工艺、新材料，可能影响建设工程质量安全，已经行政许可，尚无技术标准的施工。

第四条 安全专项施工方案编制审核。

建筑施工企业专业工程技术人员编制的安全专项施工方案，由施工企业技术部门的专业技术人员及监理单位专业监理工程师进行审核，审核合格，由施工企业技术负责人、监理单位总监理工程师签字。

第五条 建筑施工企业应当组织专家组进行论证审查的工程。

（一）深基坑工程

开挖深度超过5m（含5m）或地下室三层以上（含三层），或深度虽未超过5m（含5m），但地质条件和周围环境及地下管线极其复杂的工程。

（二）地下暗挖工程

地下暗挖及遇有溶洞、暗河、瓦斯、岩爆、涌泥、断层等地质复杂的隧道工程。

（三）高大模板工程

水平混凝土构件模板支撑系统高度超过8m，或跨度超过18m，施工总荷载大于$10kN/m^2$，或集中线荷载大于15kN/m的模板支撑系统。

（四）30m及以上高空作业的工程

（五）大江、大河中深水作业的工程

（六）城市房屋拆除爆破和其他土石大爆破工程

第六条 专家论证审查。

（一）建筑施工企业应当组织不少于5人的专家组，对已编制的安全专项施工方案进行论证审查。

（二）安全专项施工方案专家组必须提出书面论证审查报告，施工企业应根据论证审查报告进行完善，施工企业技术负责人、总监理工程师签字后，方可实施。

（三）专家组书面论证审查报告应作为安全专项施工方案的附件，在实施过程中，施工企业应严格按照安全专项方案组织施工。

第七条 国务院铁路、交通、水利等有关部门和各地可依照本办法制定实施细则。

第八条 本办法由建设部负责解释。

关于贯彻落实《建设工程安全生产管理条例》中监理安全责任的通知

苏建工（2004）458号

各省辖市建设局（建委）、建工局，苏州工业园区规划建设局：

为提高建设工程质量，保障人身和财产安全，认真贯彻落实《建设工程安全生产管理条例》（以下简称《条例》）中的监理安全责任，现将有关事项通知如下：

一、认真开展《条例》的学习、宣传和培训工作

各级建设行政主管部门要认真开展《条例》和安全生产管理法规的学习工作；要利用各种形式加大《条例》和安全生产管理法规的宣传力度；要针对不同的对象，开展《条例》和安全生产管理法规、工程建设强制性标准以及安全生产管理知识的培训工作。通过学习、宣传和培训工作，深刻领会建设工程安全生产管理的精神实质，提高对安全生产管理重要性的认识，制定监理安全责任措施，落实监理安全责任，切实提高依法履行监理安全责任的能力和水平，促进我省监理事业健康发展。

二、认真落实《条例》中的监理安全责任

(一)工程监理单位要认真审查施工组织设计中的安全技术措施或者专项施工方案是否符合工程建设强制性标准。

1．施工单位报审的施工组织设计中必须具有安全技术措施，对于《条例》第二十六条和建设部《危险性较大工程安全专项施工方案编制及专家审查办法》(建质[2004] 213号)规定的有关分部分项工程必须编制专项施工方案。施工单位报审的安全技术措施或者专项施工方案必须符合工程建设强制性标准。施工单位报审的资料必须完整齐全，审批手续齐备，包括按规定应当由施工单位技术负责人签字等，同时应附计算书、安全验算结果和必要的参考资料；对涉及深基坑、地下暗挖工程、高大模板工程、30米及以上高空作业工程、大江大河中深水作业工程、城市房屋拆除爆破和其他土石大爆破工程的专项施工方案，施工单位还应当按规定组织不少于5人的专家进行论证、审查，并同时提供专家论证、审查意见。施工单位对其报审的施工组织设计中的安全技术措施或者专项施工方案的安全性和可行性负责。

2．工程监理单位在接到施工单位报审的安全技术措施或者专项施工方案资料后，应当审查其是否符合报审资料要求和工程建设强制性标准的规定，对不符合要求的，应当要求施工单位修改后重新申报，直到符合要求为止。工程监理单位应当在规定的时间内提出审查意见，包括按规定应当由总监理工程师签字等。

3．施工单位必须严格按照工程监理单位审查同意的施工组织设计中的安全技术措施或者专项施工方案进行施工。施工单位擅自施工的，由建设行政主管部门或其他有关主管部门依法追究其责任。

(二) 工程监理单位在实施监理过程中，发现存在安全事故隐患的，应当根据安全事故隐患的严重程度，要求施工单位整改或暂时停止施工。

1．工程监理单位在实施监理过程中，发现存在安全事故隐患的，应当要求施工单位整改。

2．工程监理单位在实施监理过程中，发现存在安全事故隐患情况严重的，应当要求施工单位暂时停止施工，并及时报告建设单位。建设单位应当与工程监理单位共同要求施工单位对安全事故隐患进行整改。

3．工程监理单位要求施工单位对安全事故隐患进行整改的，应当以“监理工程师通知单”（监理现场用表B2表）的形式发出；要求施工单位暂时停止施工的，应当以“工程暂停令”（监理现场用表B1表）的形式发出。

4．施工单位因存在安全事故隐患而被要求暂时停止施工的，必须等安全事故隐患消除后才能以“工程复工报审表”（监理现场用表A6表）的形式提出复工申请，待工程监理单位批准同意后方可恢复施工。施工单位擅自复工的，由建设行政主管部门或其他有关主管部门依法追究其责任。

（三）施工单位拒不按监理要求整改或暂时停止施工的，工程监理单位应当及时向有关主管部门报告。

1．施工单位拒不按监理要求对安全事故隐患进行整改的，或拒不按监理要求暂时停止施工的，工程监理单位应当及时向工程项目所在地县级以上建设行政主管部门或者其他有关主管部门报告。

2．工程监理单位应当采用书面形式向有关主管部门报告，并同时将报告抄送建设单位。在紧急情况下也可先采用电话等方式报告。任何单位或个人不得阻挠工程监理单位向有关主管部门报告。

3．各级建设行政主管部门或其他有关主管部门在接到工程监理单位报告后，应当要求施工单位立即予以纠正，并严格按照有关法律、法规和规章的规定对存在安全事故隐患的施工单位进行处理。

（四）工程监理单位和监理工程师应当按照法律、法规和工程建设强制性标准实施监理，并对建设工程安全生产承担监理责任。

1．工程监理单位应当组织监理人员认真学习并掌握建设工程安全生产有关的法律、法规和工程建设强制性标准。

2．工程监理单位和监理工程师应当按照法律、法规和工程建设强制性标准等有关规定实施监理，依法履行建设工程监理的职责。

3．对于不按照法律、法规和工程建设强制性标准等有关规定履行监理安全责任的工程监理单位和监理工程师，由建设行政主管部门或其他有关主管部门依据有关法律、法规和规章进行处理；构成犯罪的，由司法机关依法追究刑事责任；造成损失的，依法承担赔偿责任。

（五）工程监理单位为依法履行建设工程中监理安全责任而与施工单位、建设单位以及其他有关单位发生的工作联系，应当以书面形式反映；对紧急情况下采用电话等方式报告的，工程监理单位应当在电话等方式报告后及时以书面形式向有关主管部门报告。

（六）建设单位要积极配合和支持工程监理单位依法履行建设工程中的监理安全责任。否则，因之而产生的后果由建设行政主管部门或者其他有关主管部门依法追究建设单位的责任。

（七）工程监理单位因履行监理安全责任而增加的费用，应列入建设工程项目概算，由建设单位另行支付。

三、加强领导，采取措施，切实把监理安全责任工作落到实处

各级建设行政主管部门或者其他有关主管部门要切实加强对监理安全责任管理工作的领导，要把监理安全责任管理工作作为本部门的重要工作内容，要严格执行安全生产管理的有关法律、法规和规章的规定，要做到监理安全责任管理工作有措施、有责任人、有督查和有考核。各级建设行政主管部门要把工程监理单位履行监理安全责任的情况与其资质年检、考核和评优等工作结合起来。

工程监理单位的法定代表人对监理安全责任负总责。工程监理单位要建立健全落实监理安全责任的规章制度，确定落实监理安全责任的分管领导和归口管理的部门，在单位各级岗位职责中落实监理安全责任。要加强对有关监理安全责任的考核工作，尤其要加强对项目监理机构的考核工作。

工程项目总监理工程师对工程项目的监理安全责任负责。项目监理机构要落实监理安全责任的分管人员并明确其职责，要把监理安全责任的落实工作作为项目监理机构的重要工作内容来抓，《条例》中规定的监理安全责任内容要列入监理规划、监理实施细则，制定相应的实施措施，并严格落实。

四、积极筹备成立“江苏省建设工程监理责任事故技术鉴定委员会”

为进一步做好建设工程中监理安全责任的落实工作，要积极筹备成立“江苏省建设工程监理责任事故技术鉴定委员会”（有关鉴定机构、人员组成、鉴定程序和鉴定标准等另行规定）。该委员会的主要任务是负责建设工程中监理责任事故的技术鉴定，其鉴定结果可作为有关主管部门认定工程监理单位有无监理责任的技术依据。

以上通知，请各地认真贯彻执行。在执行过程中有何问题和建议，请与我厅工程建设处联系。

江苏省建设厅

二〇〇四年十二月二十九日

关于印发《江苏省建筑施工安全事故应急救援预案管理规定》的通知

苏建法（2004）89号

南京市建委、各市建设局、市政公用局、房管局，南京、泰州市建工局：

根据《中华人民共和国安全生产法》、《建设工程安全生产管理条例》，结合我省建筑施工安全生产工作实际，我厅制定了《江苏省建筑施工安全事故应急救援预案管理规定》，并经2004年3月8日厅第九次常务会议审议通过。现印发给你们，请认真贯彻实施。

附件：江苏省建筑施工安全事故应急救援预案管理规定

江苏省建设厅

二〇〇四年三月十九日

江苏省建筑施工安全事故应急救援预案管理规定

第一条 为加强对建筑施工安全事故的防范，及时做好安全事故发生后的救援工作，根据《中华人民共和国安全生产法》和《建筑工程安全生产管理条例》的规定，制定本规定。

第二条 在本省行政区域内从事土木工程、房屋建筑工程、线路管道和设备安装工程、建筑装饰装修工程的新建、扩建、改建和拆除等施工活动，应当编制建筑施工安全事故应急救援预案。

第三条 各市、县（市）负责建筑施工安全生产监督的管理部门负责所在行政区域内建筑安全事故应急救援预案的监督管理。

第四条 建筑施工安全事故应急救援预案由工程承包单位编制。实行工程总承包的，由总承包单位编制。实行联合承包的，由承包各方共同编制。

第五条 建筑施工安全事故应急救援预案应包括如下内容：

（一）建设工程的基本情况。含规模、结构类型、工程开工、竣工日期；

（二）建筑施工项目经理部基本情况。含项目经理、安全负责人、安全员等姓名、证书号码等；

（三）施工现场安全事故救护组织。包括具体责任人的职务、联系电话等；

（四）救援器材、设备的配备；

（五）安全事故救护单位。包括建设工程所在市、县医疗救护中心、医院的名称、电话，行驶路线等。

第六条 建筑施工安全事故应急救援预案应当作为安全报监的附件材料报工程所在地市、县（市）负责建筑施工安全生产监督的部门备案。

第七条 建筑施工安全事故应急救援预案应当告知现场施工作业人员。施工期间，其内容应当在施工现场显著位置予以公示。

第八条 本规定自2004年4月1日起施行。

关于印发《江苏省建筑施工起重机械设备安全监督管理规定》的通知

苏建法（2004）90号

南京市建委、各市建设局、市政公用局、房管局，南京、泰州市建工局：

根据《中华人民共和国建筑法》、《中华人民共和国安全生产法》、《建设工程安全生产管理条例》和《特种设备安全监察条例》，结合我省建筑施工起重机械设备安全监督管理工作实际，我厅制定了《江苏省建筑施工起重机械设备安全监督管理规定》，并经2004年3月8日厅第九次常务会议审议通过。现印发给你们，请认真贯彻实施。

附件：江苏省建筑施工起重机械设备安全监督管理规定

江苏省建设厅

二〇〇四年三月十九日

江苏省建筑施工起重机械设备安全监督管理规定

第一章　总　　则

第一条　为加强对建筑施工起重机械设备的安全监督管理，预防安全事故的发生，保障施工现场人员生命和财产安全，根据《中华人民共和国建筑法》、《中华人民共和国安全生产法》、《建设工程安全生产管理条例》和《特种设备安全监察条例》，制定本规定。

第二条　在本省行政区域内从事建筑施工起重机械设备的购置、租赁、安装、拆卸、使用、维修、检验检测活动及实施监督管理，应当遵守本规定。

本规定所称建筑施工起重机械设备是指在房屋建筑工程和市政基础设施工程施工中使用的各类塔式起重机、移动式起重机、门式起重机、施工升降机、高处作业吊篮、龙门架（井架）物料提升机、附着式升降脚手架等起重机械设备。

第三条　省建设行政主管部门负责全省建筑施工起重机械设备的安全监督管理。具体工作由省建筑工程管理局负责。

各市、县（市）建设行政主管部门负责本行政区域内的建筑施工起重机械设备的安全监督管理。但同级人民政府设有建筑业管理部门并将建筑施工起重机械设备安全监督管理职能确定由该部门行使的，从其规定。

第四条　建筑施工起重机械设备（以下简称起重机械设备）的购置、使用、安装和检验检测应当接受建设行政主管部门依法进行的监督管理。

第二章　购置与报废

第五条　建筑业企业、设备租赁单位或者个人购置的起重机械设备必须是经国务院特种设备安全监督管理部门许可生产的质量合格产品。未实行许可生产的产品应具有省级以上有关部门的产品鉴定书。购置进口设备，应当通过商检，并具有产品合格证明。

有下列情形之一的起重机械设备不得购置：

（一）国家和本省明令淘汰的；

（二）国家和本省规定禁止使用的；

（三）达不到安全技术标准规定的；

（四）安全保护装置配备不齐全的。

第六条 建筑业企业自行研制用于特殊工程施工的非定型的起重机械设备必须有设计图和设计计算书，由企业技术部门组织专家论证和鉴定，符合安全技术条件的经企业技术负责人批准，方可投入使用。

第七条 起重机械设备的产权单位应当建立起重机械设备安全技术档案。

起重机械设备安全技术档案应当具备以下内容：

（一）原始资料，包括购销合同、使用维修及安装说明书、出厂检验报告、许可生产证明、产品质量合格证、交接验收记录等；

（二）设备履历书，包括历次大修理、改造记录、运转时间记录、日常使用状况记录、安全保护装置调试记录及日常维护保养记录、定期检验和定期自行检查记录、事故记录等；

（三）其他资料。

第八条 起重机械设备有下列情形之一的，应当及时予以报废：

（一）国家和本省明令淘汰的；

（二）主要结构件应力超过原计算应力15%的；

（三）主要结构件腐蚀深度达原厚度10%的；

（四）存在其他严重事故隐患的。

报废后的起重机械设备不得再使用或整机转让。

第三章 安装与拆卸

第九条 从事建筑起重机械设备安装的单位，应当具有建设行政主管部门核发的起重设备安装工程专业承包企业资质证书，并按照资质证书许可的范围从事建筑起重机械设备的安装、拆卸等活动。

第十条 起重机械设备安装单位，应当依照起重机械设备安全技术规范及本规定的要求，进行起重机械设备的安装、移位、顶升、附着、拆卸活动，并对安装质量及其作业过程的安全负责。

起重机械设备安表单位在安装工程施工中，应当服从施工总承包单位对施工现场的安全生产管理。

起重机械设备的使用单位，应当向安装单位提供拟安装设备位置的地质资料、施工平面图及隐蔽工程验收报告。

第十一条 从事起重机械设备安装的作业人员及管理人员，应当经省级建设行政主管部门考核合格，取得建筑起重机械设备作业人员证书，方可从事相应的作业或管理工作。

第十二条 起重机械设备安装单位在起重机械设备安装和拆卸前，应当根据产品说明书、施工现场环境和有关标准安排专业技术人员编制安装或者拆卸施工方案和施工安全事故应急救援预案，经企业技术负责人审批后实施。安装、拆卸作业前，编制施工方案的专业技术人员和施工负责人应当向全体作业人员进行安全技术交底。

第十三条 起重机械设备安装或拆卸作业前，作业人员应当对拟安装或拆卸设备的完好性进行检查。作业时，应当设置警戒区，禁止无关人员进入施工现场。施工现场应当设置负责统一指挥的人员和专职监护的人员。各工序应当定岗、定人、定责。作业人员应当严格执行施工方案和拆装工艺。

第十四条 起重机械设备每次安装完毕后，安装单位应当对起重机械设备进行调试和试运转。在向使用单位进行起重机械设备移交前，应当委托建筑起重机械检验检测机构检测合格并与产权单位和使用单位联合进行安装质量验收，经验收合格后，方可投入使用。

第十五条 建筑起重机械设备安装单位必须建立起重机械设备安装技术档案。起重机械设备安装技术档案应当包括下列文件：

（一）安装或者拆卸合同；

（二）专项安全施工方案和技术措施；

（三）安装验收资料；

（四）检测资料；

（五）移交使用的文件。

第四章 使用与维修

第十六条 起重机械设备的使用单位应当在起重机械设备安装验收合格之日起30日内，到建设工程所在地设区的市建设行政主管部门进行起重机械设备登记。登记标记应当置于或者附着于该机械设备的显著位置。登记时，应当提供以下资料：

（一）企业法人营业执照；

（二）国家颁发的生产许可证。未实行许可证的产品应当提供省级以上有关部门的产品鉴定书；

（三）产品合格证和注册商标，

（四）安装合同；

（五）检验检测机构签发的检测报告。

登记部门应当按机种分类统一编号。具体办法由省建筑工程管理局负责建筑机械设备管理的机构制定。

第十七条 起重机械设备的使用单位，应当对起重机械设备设置明显的安全警示标志。根据不同施工阶段和周围环境及季节、气象条件变化，在施工现场采取相应的安全防护措施。施工现场暂时停工时，应当做好保护工作。

第十八条 起重机械设备的使用单位必须执行建设部《建筑机械使用安全技术规程》和江苏省《施工现场机械设备完好技术标准》及相关专业标准。

第十九条 租赁企业出租的起重机械设备应当具有生产许可证、产品合格证，并达到江苏省《施工现场机械设备完好技术标准》的要求。

出租企业应当对出租的起重机械设备的安全性能进行检测，合格的方能出租。出租时应向承租方出具检测合格证明。租赁双方在签订租赁合同时，应当明确各自在安全、使用、安装、拆卸及维护保养方面的责任。

禁止出租检测不合格的起重机械设备。

第二十条 起重机械设备的使用单位应当对在用起重机械设备进行以下维护保养与检查：

（一）进行日常维护保养；

（二）每月至少进行一次检查，并做出记录；

（三）对安全保护装置定期进行校验、检修，并作记录。

第二十一条 群塔作业的施工现场，实行总承包的，总承包单位在编制施工组织设计时应当有防止群塔作业相互碰撞的措施。未实行总承包的，且施工现场有两个以上单位进行塔机作业的，建设单位应当组织各使用单位统一制订避免群塔相互碰撞的措施。

第二十二条 起重机械设备管理人员应当经过省级建设行政主管部门培训、考核合格后持证上岗。起重机械设备作业人员应当持证上岗。

起重机械设备作业人员在作业中应当严格执行起重机械设备的操作规程和有关的安全规章制度。对起重机械设备安全状况进行经常性检查，发现事故隐患或者其他不安全因素时，应当立即处理，情况紧急时，待事故隐患消除后，方可投入使用。

第二十三条 安装后停用半年以上的起重机械设备在重新启用前，必须经建筑起重机械检测机构进行检测。检测合格后，方可继续使用。

起重机械设备使用达到国家规定使用年限的，应当进行结构安全性能检验。经检验合格后，方可继续使用。

第五章　检 验 检 测

第二十四条 起重机械设备安装、使用的监督检验应当委托具有建筑起重机械检验检测资格的机构承担。

第二十五条 建筑起重机械检验检测机构和检验检测人员应当客观、公正、及时地出具检验检测结果、鉴定结论。检验检测结果、鉴定结论应当经检验检测人员签字，由检验检测机构负责人签署。

建筑起重机械检验检测机构和检验检测人员对检验检测结果、鉴定结论负责。

第二十六条 建筑起重机械检验检测机构进行起重机械设备检验检测时，发现严重事故隐患，应当及时告知设备使用单位，并立即向工程所在地建设行政主管部门报告。

第二十七条 经建筑起重机械检验检测机构检测合格的起重机械设备，应当将合格标志置于或者附着于该设备的显著位置。

第六章　监　　督

第二十八条 建设行政主管部门依照有关法律、法规、规章和本规定对起重机械设备购置、安装、使用和检验检测实施安全监督管理。

建设行政主管部门对起重机械设备安装单位、使用单位和检验检测机构实行安全监督时，可以行使下列职权：

（一）向起重机械设备安装、使用和检验检测单位的法定代表人、主要负责人和其他有关人员调查、了解涉嫌违反国家和省有关起重机械设备管理规定情况，查阅、复制有关合同、账簿等有关资料；

(二) 进入被检查单位或被检查单位的施工现场进行检查；

(三) 发现有违反安全技术规范和本规定的行为或者在用的起重机械设备存在安全隐患的，责令有关单位及时采取措施，限期整改，消除安全隐患。

第二十九条 设区的市、县（市）建设行政主管部门对违反本规定第五条、第八条规定购置使用的起重机械设备，可予以查封或者扣押，责令清除出建筑施工现场。

第三十条 省建设行政主管部门定期向社会公布全省起重机械设备安全状况。

公布起重机械设备安全状况，应当包括下列内容：

(一) 在用的起重机械设备数量；

(二) 起重机械设备事故的情况、特点、原因分析、防范对策；

(三) 其他需要公布的情况。

第七章 附 则

第三十一条 桩工机械设备的安全监督管理参照本规定执行。

第三十二条 各市建设行政主管部门可根据本规定制定实施细则。

第三十三条 本规定自2004年4月1日起施行。

附录二　房屋建筑施工安全方面的强制性条文

施工安全强制性条文（摘要）

1．临时用电

《施工现场临时用电安全技术规程》（JGJ 46—2005）

1.0.3　建筑施工现场临时用电工程专用的电源中性点直接接地的220/380V三相四线制低压电力系统，必须符合下列规定：

1．采用三级配电系统；

2．采用TN-S接零保护系统；

3．采用二级漏电保护系统。

3.1.4　临时用电组织设计及变更时，必须履行"编制、审核、批准"程序，由电气工程技术人员组织编制，经相关部门审核及具有法人资格企业的技术负责人批准后实施。变更用电组织设计时应补充有关图纸资料。

3.1.5　临时用电工程必须经编制、审核、批准部门和使用单位共同验收，合格后方可投入使用。

3.3.4　临时用电工程定期检查应按分部、分项工程进行，对安全隐患必须及时处理，并应履行复查验收手续。

5.1.1　在施工现场专用变压器的供电的TN-S接零保护系统中，电气设备的金属外壳必须与保护零线连接。保护零线应由工作接地线、配电室（总配电箱）电源侧零线或总漏电保护器电源侧零线处引出。

5.1.2　当施工现场与外电线路共用同一供电系统时，电气设备的接地、接零保护应与原系统保持一致。不得一部分设备做保护接零，另一部分设备做保护接地。

采用TN系统做保护接零时，工作零线（N线）必须通过总漏电保护器，保护零线（PE线）必须由电源进线零线重复接地处或总漏电保护器电源侧零线处，引出形成局部TN-S接零保护系统。

5.1.10　PE线上严禁装设开关或熔断器，严禁通过工作电流，且严禁断线。

5.3.2　TN系统中的保护零线除必须在配电室或总配电箱处做重复接地外，还必须在配电系统的中间处和末端处做重复接地。

在TN系统中，保护零线每一处重复接地装置的接地电阻值不应大于10Ω。在工作接地电阻值允许达到10Ω的电力系统中，所有重复接地的等效电阻值不应大于10Ω。

5.4.7　做防雷接地机械上的电气设备，所连接的PE线必须同时做重复接地，同一台机械电气设备的重复接地和机械的防雷接地可共用同一接地体，但接地电阻应符合重复接地电阻值的要求。

6.1.6　配电柜应装设电源隔离开关及短路、过载、漏电保护电器。电源隔离开关分断时应有明显可见分断点。

6.1.8 配电柜或配电线路停电维修时，应挂接地线，并应悬挂“禁止合闸、有人工作”停电标志牌。停送电必须由专人负责。

6.2.3 发电机组电源必须与外电线路电源连锁，严禁并列运行。

6.2.7 发电机组并列运行时，必须装设同期装置，并在机组同步运行后再向负载供电。

7.2.1 电缆中必须包含全部工作芯线和用作保护零线或保护线的芯线。需要三相四线制配电的电缆线路必须采用五芯电缆。

五芯电缆必须包含淡蓝、绿／黄二种颜色绝缘芯线。淡蓝色芯线必须用作N线；绿／黄双色芯线必须用作PE线，严禁混用。

7.2.3 电缆线路应采用埋地或架空敷设，严禁沿地面明设；并应避免机械损伤和介质腐蚀。埋地电缆路径应设方位标志。

8.1.3 每台用电设备必须有各自专用的开关箱，严禁用同一个开关箱直接控制2台及2台以上用电设备（含插座）。

8.1.11 配电箱的电器安装板上必须分设N线端子板和PE线端子板。N线端子板必须与金属电器安装板绝缘；PE线端子板必须与金属电器安装板做电气连接。

进出线中的N线必须通过N线端子板连接；PE线必须通过PE线端子板连接。

8.2.10 开关箱中漏电保护器的额定漏电动作电流不应大于30mA，额定漏电动作时间不应大于0.1s。

使用于潮湿或有腐蚀介质场所的漏电保护器应采用防溅型产品，其额定漏电动作电流不应大于15mA，额定漏电动作时间不应大于0.1s。

8.2.11 总配电箱中漏电保护器的额定漏电动作电流应大于30mA，额定漏电动作时间应大于0.1s，但其额定漏电动作电流与额定漏电动作时间的乘积不应大于30mA·s。

8.2.15 配电箱、开关箱的电源进线端严禁采用插头和插座做活动连接。

8.3.4 对配电箱、开关箱进行定期维修、检查时，必须将其前一级相应的电源隔离开关分闸断电，并悬挂“禁止合闸、有人工作”停电标志牌，严禁带电作业。

9.7.3 对混凝土搅拌机、钢筋加工机械、木工机械、盾构机械等设备进行清理、检查、维修时，必须首先将其开关箱分闸断电，呈现可见电源分断点，并关门上锁。

10.2.2 下列特殊场所应使用安全特低电压照明器：

1．隧道、人防工程、高温、有导电灰尘、比较潮湿或灯具离地面高度低于2.5m等场所的照明，电源电压不应大于36V；

2．潮湿和易触电及带电体场所的照明，电源电压不得大于24V；

3．特别潮湿场所、导电良好的地面、锅炉或金属容器内的照明，电源电压不得大于12V。

10.2.5 照明变压器必须使用双绕组型安全隔离变压器，严禁使用自耦变压器。

10.3.11 对夜间影响飞机或车辆通行的在建工程及机械设备，必须设置醒目的红色信号灯，其电源应设在施工现场总电源开关的前侧，并应设置外电线路停止供电时的应急自备电源。

2．高处作业

《建筑施工高处作业安全技术规范》（JGJ 80－91）

2.0.7　雨天和雪天进行高处作业时，必须采取可靠的防滑、防寒和防冻措施。凡水、冰、霜、雪均应及时清除。

对进行高处作业的高耸建筑物，应事先设置避雷设施。遇有六级以上强风、浓雾等恶劣气候，不得进行露天攀登与悬空高处作业。暴风雪及台风暴雨后，应对高处作业安全设施逐一加以检查，发现有松动、变形、损坏或脱落等现象，应立即修理完善。

2.0.9　防护棚搭设与拆除时，应设警戒区，并应派专人监护。严禁上下同时拆除。

3.1.1　对临边高处作业，必须设置防护措施，并符合下列规定：

一、基坑周边，尚未安装栏杆或栏板的阳台、料台与挑平台周边，雨篷与挑檐边，无外脚手的屋面与楼层周边及水箱与水塔周边等处，都必须设置防护栏杆。

三、分层施工的楼梯口和梯段边，必须安装临时护栏。顶层楼梯口应随工程结构进度安装正式防护栏杆。

四、井架与施工用电梯和脚手架等与建筑物通道的两侧边，必须设防护栏杆。地面通道上部应装设安全防护棚。双笼井架通道中间，应予分隔封闭。

五、各种垂直运输接料平台，除两侧设防护栏杆外，平台口还应设置安全门或活动防护栏杆。

3.1.3　搭设临边防护栏杆时，必须符合下列要求：

一、防护栏杆应由上、下两道横杆及栏杆柱组成，上杆离地高度为1.0～1.2m，下杆离地高度为0.5～0.6m。坡度大于1:2.2的屋面，防护栏杆应高1.5m，并加挂安全立网。除经设计计算外，横杆长度大于2m时，必须加设栏杆柱。

三、栏杆柱的固定及其与横杆的连接，其整体构造应使防护栏杆在上杆任何处，能经受任何方向的1000N外力。当栏杆所处位置有发生人群拥挤、车辆冲击或物件碰撞等可能时，应加大横杆截面或加密柱距。

四、防护栏杆必须自上而下用安全立网封闭，或在栏杆下边设置严密固定的高度不低于180mm的挡脚板或400mm的挡脚笆。挡脚板与挡脚笆上如有孔眼，不应大于25mm。

板与笆下边距离底面的空隙不应大于10mm。

接料平台两侧的栏杆，必须自上而下加挂安全立网或满扎竹笆。

五、当临边的外侧面临街道时，除防护栏杆外，敞口立面必须采取满挂安全网或其他可靠措施作全封闭处理。

3.2.1　进行洞口作业以及在因工程和工序需要而产生的，使人与物有坠落危险或危及人身安全的其他洞口进行高处作业时，必须按下列规定设置防护设施：

一、板与墙的洞口，必须设置牢固的盖板、防护栏杆、安全网或其他防坠落的防护设施。

二、电梯井口必须设防护栏杆或固定栅门；电梯井内应每隔两层并最多隔10m设一道安全网。

三、钢管桩、钻孔桩等桩孔上口，杯形、条形基础上口，未填土的坑槽，以及孔洞、天窗、地板门等处，均应按洞口防护设置稳固的盖件。

四、施工现场通道附近的各类洞口与坑槽等处，除设置防护设施与安全标志外，夜间还应设红灯示警。

3.2.2　洞口根据具体情况采取设防护栏杆、加盖件、张挂安全网与装栅门等措施时，必须符合下列要求：

五、边长在1500mm以上的洞口，四周设防护栏杆，洞口下张设安全平网。

六、位于车辆行驶道旁的洞口、深沟与管道坑、槽，所加盖板应能承受不小于当地额定卡车后轮有效承载力2倍的荷载。

七、下边沿至楼板或底面低于800mm的窗台等竖向洞口，如侧边落差大于2m时，应加设1.2m高的临时护栏。

八、对邻近的人与物有坠落危险性的其他竖向的孔、洞口，均应予以盖设或加以防护，并有固定其位置的措施。

4.1.5 梯脚底部应坚实，不得垫高使用。梯子的上端应有固定措施。立梯不得有缺档。

4.1.6 梯子如需接长使用，必须有可靠的连接措施，且接头不得超过1处。连接后梯梁的强度，不应低于单梯梯梁的强度。

4.1.8 固定式直爬梯应用金属材料制成。梯宽不应大于500mm，支撑应采用不小L70×6的角钢，埋设与焊接均必须牢固。梯子顶端的踏棍应与攀登的顶面齐平，并加设1～1.5m高的扶手。

使用直爬梯进行攀登作业时，攀登高度超过8m，必须设置梯间平台。

4.1.9 作业人员应从规定的通道上下，不得在阳台之间等非规定通道进行攀登，也不得任意利用吊车臂架等施工设备进行攀登。

上下梯子时，必须面向梯子，且不得手持器物。

4.2.1 悬空作业处应有牢靠的立足处，并必须视具体情况，配置防护栏网、栏杆或其他安全设施。

4.2.3 构件吊装和管道安装时的悬空作业，必须遵守下列规定：

一、悬空安装大模板、吊装第一块预制构件、吊装单独的大中型预制构件时，必须站在操作平台上操作。吊装中的大模板和预制构件以及石棉水泥板等屋面板上，严禁站人和行走。

二、安装管道时必须有已完结构或操作平台为立足点，严禁在安装中的管道上站立和行走。

4.2.4 模板支撑和拆卸时的悬空作业，必须遵守下列规定：

一、支模应按规定的作业程序进行，模板未固定前不得进行下一道工序。严禁在连接件和支撑件上攀登上下，并严禁在上下同一垂直面上装、拆模板。结构复杂的模板，装、拆应严格按照施工组织设计的措施进行。

二、支设悬挑形式的模板时，应有稳固的立足点。支设临空构筑物模板时，应搭设支架或脚手架。模板上有预留洞时，应在安装后将洞盖没。混凝土板上拆模后形成的临边或洞口，应进行防护。

拆模高处作业，应配置登高用具或搭设支架。

4.2.5 钢筋绑扎时的悬空作业，必须遵守下列规定：

一、绑扎钢筋和安装钢筋骨架时，必须搭设脚手架和马道。

二、绑扎圈梁、挑梁、挑檐、外墙和边柱等钢筋时，应搭设操作台架和张挂安全网。

悬空大梁钢筋的绑扎，必须在满铺脚手板的支架或操作平台上操作。

4.2.6 混凝土浇筑时的悬空作业，必须遵守下列规定：

一、浇筑离地2m以上框架、过梁、雨篷和小平台时，应设操作平台，不得直接站在模板或支撑件上操作。

二、浇筑拱形结构，应自两边拱脚对称地相向进行。浇筑储仓，下口应先行封闭，并搭设脚手架以防人员坠落。

三、特殊情况下如无可靠的安全设施，必须系好安全带并扣好保险钩，并架设安全网。

4.2.8 悬空进行门窗作业时，必须遵守下列规定：

一、安装门、窗，油漆及安装玻璃时，严禁操作人员站在樘子、阳台栏板上操作。门、窗临时固定，封填材料未达到强度，以及电焊时，严禁手拉门、窗进行攀登。

二、在高处外墙安装门、窗，无外脚手时，应张挂安全网。无安全网时，操作人员应系好安全带，其保险钩应挂在操作人员上方的可靠物件上。

三、进行各项窗口作业时，操作人员的重心应位于室内，不得在窗台上站立，必要时应系好安全带进行操作。

5.1.1 移动式操作平台，必须符合下列规定：

三、装设轮子的移动式操作平台，轮子与平台的接合处应牢固可靠，立柱底端离地面不得超过80mm。

五、操作平台四周必须按临边作业要求设置防护栏杆，并应布置登高扶梯。

5.1.2 悬挑式钢平台，必须符合下列规定：

一、悬挑式操作钢平台应按现行的相应规范进行设计，其结构构造应能防止左右晃动，计算书及图纸应编入施工组织设计。

二、悬挑式钢平台的搁支点与上部拉结点，必须位于建筑物上，不得设置在脚手架等施工设备上。

四、应设置4个经过验算的吊环。吊运平台时应使用卡环，不得使吊钩直接钩挂吊环。吊环应用甲类3号沸腾钢制作。

五、钢平台安装时，钢丝绳应采用专用的挂钩挂牢，采取其他方式时卡头的卡子不得少于3个。建筑物锐角利口围系钢丝绳处应加衬软垫物，钢平台外口应略高于内口。

六、钢平台左右两侧必须装置固定的防护栏杆。

七、钢平台吊装，需待横梁支撑点电焊固定，接好钢丝绳，调整完毕，经过检查验收，方可松卸起重吊钩，上下操作。

八、钢平台使用时，应有专人进行检查，发现钢丝绳有锈蚀损坏应及时调换，焊缝脱焊应及时修复。

5.1.3 操作平台上应显著地标明容许荷载值。操作平台上人员和物料的总重量，严禁超过设计的容许荷载。应配备专人加以监督。

5.2.1 支模、粉刷、砌墙等各工种进行上下立体交叉作业时，不得在同一垂直方向上操作。下层作业的位置，必须处于依上层高度确定的可能坠落范围半径之外。不符合以上条件时，应设置安全防护层。

5.2.3 钢模板部件拆除后，临时堆放处离楼层边沿不应小于1m，堆放高度不得超过1m。楼层边口、通道口、脚手架边缘等处，严禁堆放任何拆下物件。

5.2.5　由于上方施工可能坠落物件或处于起重机把杆回转范围之内的通道，在其受影响的范围内，必须搭设顶部能防止穿透的双层防护廊。

3．机械使用

《建筑机械使用安全技术规程》(JGJ 33—2001)

2.0.1　操作人员应体检合格，无妨碍作业的疾病和生理缺陷，并应经过专业培训、考核合格取得建设行政主管部门颁发的操作证或公安部门颁发的机动车驾驶执照后，方可持证上岗。学员应在专人指导下进行工作。

2.0.5　在工作中操作人员和配合作业人员必须按规定穿戴劳动保护用品，长发应束紧不得外露，高处作业时必须系安全带。

2.0.8　机械必须按照出厂使用说明书规定的技术性能、承载能力和使用条件，正确操作，合理使用，严禁超载作业或任意扩大使用范围。

2.0.9　机械上的各种安全防护装置及监测、指示、仪表、报警等自动报警、信号装置应完好齐全，有缺损时应及时修复。安全防护装置不完整或已失效的机械不得使用。

2.0.15　变配电所、乙炔站、氧气站、空气压缩机房、发电机房、锅炉房等易于发生危险的场所，应在危险区域界限处，设置围栅和警告标志，非工作人员未经批准不得入内。挖掘机、起重机、打桩机等重要作业区域，应设立警告标志及采取现场安全措施。

2.0.16　在机械产生对人体有害的气体、液体、尘埃、渣滓、放射性射线、振动、噪声等场所，必须配置相应的安全保护设备和三废处理装置；在隧道、沉井基础施工中，应采取措施，使有害物限制在规定的限度内。

3.1.7　严禁利用大地作工作零线，不得借用机械本身金属结构作工作零线。

3.1.8　电气设备的每个保护接地或保护接零点必须用单独的接地（零）线与接地干线（或保护零线）相连接。严禁在一个接地（零）线中串接几个接地（零）点。

3.1.11　严禁带电作业或采用预约停送电时间的方式进行电气检修。检修前必须先切断电源并在电源开关上挂“禁止合闸，有人工作”的警告牌。警告牌的挂、取应有专人负责。

3.1.14　发生人身触电时，应立即切断电源，然后方可对触电者作紧急救护。严禁在未切断电源之前与触电者直接接触。

3.6.17　各种电源导线严禁直接绑扎在金属架上。

3.6.19　配电箱电力容量在15kW以上的电源开关严禁采用瓷底胶木刀型开关。

5kW以上电动机不得用刀型开关直接启动。各种刀型开关应采用静触头接电源，动触头接载荷，严禁倒接线。

3.7.14　使用射钉枪时应符合下列要求：

1．严禁用手掌推压钉管和将枪口对准人；

2．击发时，应将射钉枪垂直压紧在工作面上，当两次扣动扳机，子弹均不击发时，应保持原射击位置数秒钟后，再退出射钉弹；

3．在更换零件或断开射钉枪之前，射枪内均不得装有射钉弹。

4.1.5　起重吊装的指挥人员必须持证上岗。

4.1.8　起重机的变幅指示器、力矩限制器、起重量限制器以及各种行程限位开关等安全保护装置，应完好齐全，灵敏可靠，不得随意调整或拆除。严禁利用限制器和限位装置代替操纵机构。

4.1.10 起重机作业时，起重臂和重物下方严禁有人停留、工作或通过。重物吊运时，严禁从人上方通过。严禁用起重机载运人员。

4.1.12 严禁使用起重机进行斜拉、斜吊和起吊地下埋设或凝固在地面上的重物以及其他不明重量的物体。现场浇筑的混凝土构件或模板，必须全部松动后方可起吊。

4.1.16 严禁起吊重物长时间悬挂在空中，作业中遇突发故障，应采取措施将重物降落到安全地方，并关闭发动机或切断电源后进行检修。在突然停电时，应立即把所有控制器拨到零位。断开电源总开关，并采取措施使重物降到地面。

4.2.6 起重机变幅应缓慢平稳，严禁在起重臂未停稳前变换挡位；起重机载荷达到额定起重量的90%及以上的，严禁下降起重臂。

4.2.10 当起重机如需带载行走时，载荷不得超过允许起重量的70%，行走道路应坚实平整，重物应在起重机正前方向，重物离地面不得大于500mm，并应拴好拉绳，缓慢行驶。严禁长距离带载行驶。

4.2.12 起重机上下坡道时应无载行走，上坡时应将起重臂仰角适当放小，下坡时应将起重臂仰角适当放大。严禁下坡空档滑行。

4.3.21 行驶时，严禁人员在底盘走台上站立或蹲坐，并不得堆放物件。

4.4.6 起重机的拆装必须由取得建设行政主管部门颁发的拆装资质证书的专业队进行，并应有技术和安全人员在场监护。

4.4.42 起重机载人专用电梯严禁超员，其断绳保护装置必须可靠。当起重机作业时，严禁开动电梯。电梯停用时，应降至塔身底部位置，不得长时间悬在空中。

4.4.47 动臂式和尚未附着的自升式塔式起重机，塔身上不得悬挂标语牌。

4.7.8 卷筒上的钢丝绳应排列整齐，当重叠或斜绕时，应停机重新排列，严禁在转动中用手拉脚踩钢丝绳。

5.1.3 作业前，应查明施工场地明、暗设置物（电线、地下电缆、管道、坑道等）的地点及走向，并采用明显记号表示。严禁在离电缆1m距离以内作业。

5.1.5 机械运行中，严禁接触转动部位和进行检修。在修理（焊、铆等）工作装置时，应使其降到最低位置，并应在悬空部位垫上垫木。

5.1.9 在施工中遇下列情况之一时应立即停工，待符合作业安全条件时，方可继续施工：

1．填挖区土体不稳定，有发生坍塌危险时；

2．气候突变，发生暴雨、水位暴涨或山洪暴发时；

3．在爆破警戒区内发出爆破信号时；

4．地面涌水冒泥，出现陷车或因雨发生坡道打滑时；

5．工作面净空不足以保证安全作业时；

6．施工标志、防护设施损毁失效时。

5.1.10 配合机械作业的清底、平地、修坡等人员，应在机械回转半径以外工作。当必须在回转半径以内工作时，应停止机械回转并制动好后，方可作业。

5.3.12　在行驶或作业中，除驾驶室外，挖掘装载机任何地方均严禁乘坐或站立人员。

5.4.8　推土机行驶前，严禁有人站在履带或刀片的支架上，机械四周应无障碍物，确认安全后，方可开动。

5.5.6　作业中，严禁任何人上下机械，传递物件，以及在铲斗内、拖把或机架上坐立。

5.5.17　非作业行驶时，铲斗必须用锁紧链条挂牢在运输行驶位置上，机上任何部位均不得载人或装载易燃、易爆物品。

5.10.21　装载机转向架未锁闭时，严禁站在前后车架之间进行检修保养。

5.11.4　夯实机作业时，应一人扶夯，一人传递电缆线，且必须戴绝缘手套和穿绝缘鞋。递线人员应跟随夯机后或两侧调顺电缆线，电缆线不得扭结或缠绕，且不得张拉过紧，应保持有3～4m的余量。

5.12.10　电动冲击夯应装有漏电保护装置，操作人员必须戴绝缘手套，穿绝缘鞋。作业时，电缆线不应拉得过紧，应经常检查线头安装，不得松动及引起漏电。严禁冒雨作业。

5.13.7　严禁在废炮眼上钻孔和骑马式操作，钻孔时，钻杆与钻孔中心线应保持一致。

5.13.16　在装完炸药的炮眼5m以内，严禁钻孔。

5.14.3　电缆线不得敷设在水中或在金属管道上通过。施工现场应设标志，严禁机械、车辆等在电缆上通过。

6.1.15　在坡道上停放时，下坡停放应挂上倒档，上坡停放应挂上一档，并应使用三角木楔等塞紧轮胎。

6.2.2　不得人货混装。因工作需要搭人时，人不得在货物之间或货物与前车厢板间隙内。严禁攀爬或坐卧在货物上面。

6.2.4　运载易燃、有毒、强腐蚀等危险品时，其装载、包装、遮盖必须符合有关的安全规定，并应备有性能良好、有效期内的灭火器。途中停放应避开火源、火种、居民区、建筑群等，炎热季节应选择阴凉处停放。装卸时严禁火种。除必要的行车人员外，不得搭乘其他人员。严禁混装备用燃油。

6.3.3　配合挖装机械装料时，自卸汽车就位后应拉紧手制动器，在铲斗需越过驾驶室时，驾驶室内严禁有人。

6.3.6　卸料后，应及时使车厢复位，方可起步，不得在倾斜情况下行驶。严禁在车厢内载人。

6.5.4　油罐车工作人员不得穿有铁钉的鞋。严禁在油罐附近吸烟，并严禁火种。

6.5.6　在检修过程中，操作人员如需要进入油罐时，严禁携带火种，并必须有可靠的安全防护措施，罐外必须有专人监护。

6.5.7　车上所有电气装置，必须绝缘良好，严禁有火花产生。车用工作照明应为36V以下的安全灯。

6.7.9　严禁料斗内载人。料斗不得在卸料工况下行驶或进行平地作业。

6.7.10　内燃机运转或料斗内载荷时，严禁在车底下进行任何作业。

6.9.9　以内燃机为动力的叉车，进入仓库作业时，应有良好的通风设施。严禁在易燃、易爆的仓库内作业。

6.12.1　施工升降机应为人货两用电梯，其安装和拆卸工作必须由取得建设行政主管部门颁发的拆装资质证书的专业（队）负责，并必须由经过专业培训，取得操作证的专业人员进行操作和维修。

6.12.9 升降机安装后，应经企业技术负责人会同有关部门对基础和附壁支架以及升降机架设安装的质量、精度等进行全面检查，并应按规定程序进行技术试验（包括坠落试验），经试验合格签证后，方可投入运行。

7.1.4 打桩机作业区内应无高压线路。作业区应有明显标志或围栏，非工作人员不得进入。桩锤在施打过程中，操作人员必须在距离桩锤中心 5m 以外监视。

7.1.8 严禁吊桩、吊锤、回转或行走等动作同时进行。打桩机在吊有桩和锤的情况下，操作人员不得离开岗位。

7.3.11 悬挂振动桩锤的起重机，其吊钩上必须有防松脱的保护装置。振动桩锤悬挂钢架的耳环上应加装保险钢丝绳。

7.5.18 压桩时，非工作人员应离机 10m 以外。起重机的起重臂下，严禁站人。

7.6.7 夯锤下落后，在吊钩尚未降至夯锤吊环附近前，操作人员不得提前下坑挂钩。从坑中提锤时，严禁挂钩人员站在锤上随锤提升。

7.11.2 潜水泵放入水中或提出水面时。应先切断电源，严禁拉拽电缆或出水管。

8.2.13 搅拌机作业中，当料斗升起时，严禁任何人在料斗下停留或通过；当需要在料斗下检修或清理料坑时，应将料斗提升后用铁链或插入销锁住。

8.8.3 电缆线应满足操作所需的长度，电缆线上不得堆压物品或让车辆挤压，严禁用电缆线拖拉或吊挂振动器。

9.5.2 冷拉场地应在两端地锚外侧设置警戒区，并应安装防护栏及警告标志。无关人员不得在此停留。操作人员在作业时必须离开钢筋 2m 以外。

10.6.2 喷涂燃点在 21℃ 以下的易燃涂料时，必须接好地线，地线的一端接电动机零线位置，另一端应接涂料桶或被喷的金属物体。喷涂机不得和被喷物放在同一房间里，周围严禁有明火。

12.1.2 焊接操作及配合人员必须按规定穿戴劳动防护用品。并必须采取防止触电、高空坠落、瓦斯中毒和火灾等事故的安全措施。

12.1.9 对承压状态的压力容器及管道、带电设备、承载结构的受力部位和装有易燃、易爆物品的容器严禁进行焊接和切割。

12.1.11 当需施焊受压容器、密封容器、油桶、管道、沾有可燃气体和溶液的工件时，应先消除容器及管道内压力，消除可燃气体和溶液，然后冲洗有毒、有害、易燃物质；对存有残余油脂的容器，应先用蒸汽、碱水冲洗，并打开盖口，确认容器清洗干净后，再灌满清水方可进行焊接。在容器内焊接应采取防止触电、中毒和窒息的措施。焊、割密封容器应留出气孔，必要时在进、出气口处装设通风设备；容器内照明电压不得超过 12V，焊工与焊件间应绝缘；容器外应设专人监护。严禁在已喷涂过油漆和塑料的容器内焊接。

12.1.13 高空焊接或切割时，必须系好安全带，焊接周围和下方应采取防火措施，并应有专人监护。

12.14.6 电石气起火时必须用砂或二氧化碳灭火器，严禁用泡沫、四氯化碳灭火器或水灭火。电石粒末应在露天销毁。

12.14.16　未安装减压器的氧气瓶严禁使用。

4．脚手架

《建筑施工扣件式钢管脚手架安全技术规范》（JGJ 130—2001）（2002年局部修订）

3.1.3　钢管的尺寸和表面质量应符合下列规定：

2．钢管上严禁打孔。

5.3.5　立杆稳定性计算部位的确定应符合下列规定：

2．当脚手架搭设尺寸中的步距、立杆纵距、立杆横距和连墙件间距有变化时，除计算底层立杆段外，还必须对出现最大步距或最大立杆纵距、立杆横距、连墙件间距等部位的立杆段进行验算。

6.2.2　横向水平杆的构造应符合下列规定：

1．主节点处必须设置一根横向水平杆，用直角扣件扣接且严禁拆除。

6.3.2　脚手架必须设置纵、横向扫地杆。纵向扫地杆应采用直角扣件固定在距底座上皮不大于200mm处的立杆上。横向扫地杆亦应采用直角扣件固定在紧靠纵向扫地杆下方的立杆上。当立杆基础不在同一高度上时，必须将高处的纵向扫地杆向低处延长两跨与立杆固定，高低差不应大于1mm。靠边坡上方的立杆轴线到边坡的距离不应小于500mm（图6.3.2）。

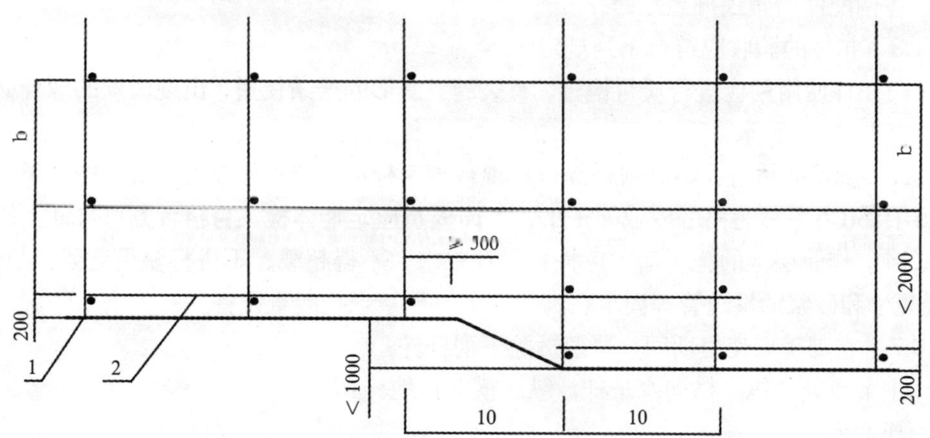

图6.3.2　纵、横向扫地杆构造

1—横向扫地杆；2—纵向扫地杆

6.3.5　立杆接长除顶层顶步外，其余各层各步接头必须采用对接扣件连接。

6.4.2　连墙件的布置应符合下列规定：

4．一字型、开口型脚手架的两端必须设置连墙件，连墙件的垂直间距不应大于建筑物的层高，并不应大于4m（两步）。

6.4.4　对高度24m以上的双排脚手架，必须采用刚性连墙件与建筑物可靠连接。

6.4.5　连墙件的构造应符合下列规定：

2．连墙件必须采用可承受拉力和压力的构造。

6.6.2 剪刀撑的设置应符合下列规定：

2．高度在24m以下的单、双排脚手架，均必须在外侧立面的两端各设置一道剪刀撑，并应由底至顶连续设置。

6.6.3 横向斜撑的设置应符合下列规定：

2．一字型、开口型双排脚手架的两端均必须设置横向斜撑。

7.1.5 当脚手架基础下有设备基础、管沟时，在脚手架使用过程中不应开挖，否则必须采取加固措施。

7.3.1 脚手架必须配合施工进度搭设，一次搭设高度不应超过相邻连墙件以上两步。

7.3.4 立杆搭设应符合下列规定：

1．严禁将外径48mm与51mm的钢管混合使用。

7.3.8 连墙件、剪刀撑、斜撑的搭设应符合下列规定：

2．剪刀撑、横向斜撑搭设应随立杆、纵向和横向水平杆等同步搭设。

7.4.2 拆脚手架时，应符合下列规定：

1．拆除作业必须由上而下逐层进行，严禁上下同时作业；

2．连墙件必须随脚手架逐层拆除，严禁先将连墙件整层或数层拆除后再拆脚手架；分段拆除高差不应大于两步，如高差大于两步，应增设连墙件加固。

7.4.3 卸料时应符合下列规定：

1．各构配件严禁抛掷至地面。

8.1.3 扣件的验收应符合下列规定：

2．旧扣件使用前应进行质量检查，有裂缝、变形的严禁使用，出现滑丝的螺栓必须更换。

9.0.1 脚手架搭设人员必须是经过按现行国家标准《特种作业人员安全技术考核管理规则》GB 5036考核合格的专业架子工。上岗人员应定期体检，合格者方可持证上岗。

9.0.4 作业层上的施工荷载应符合设计要求，不得超载。不得将模板支架、缆风绳、泵送混凝土和砂浆的输送管等固定在脚手架上；严禁悬挂起重设备。

9.0.7 在脚手架使用期间，严禁拆除下列杆件：

1．主节点处的纵、横向水平杆，纵、横向扫地杆；

2．连墙件。

《建筑施工门式钢管脚手架安全技术规范》（JGJ 128—2000）

3.0.4 钢管应平直，平直度允许偏差为管长的1/500；两端面应平整，不得有斜口、毛口；严禁使用有硬伤（硬弯、砸扁等）及严重锈蚀的钢管。

6.2.2 上、下榀门架的组装必须设置连接棒及锁臂，连接棒直径应小于立杆内径的1～2mm。

6.2.4 水平架设置应符合下列规定：

1．在脚手架的顶层门架上部、连墙件设置层、防护棚设置处必须设置。

6.5.4 连墙件应能承受拉力与压力，其承载力标准值不应小于10kN；连墙件与门架、建筑物的连接也应具有相应的连接强度。

6.8.1 搭设脚手架的场地必须平整坚实，并作好排水，回填土地面必须分层回填，逐层夯实。

7.3.1　搭设门架及配件应符合下列规定：

4．交叉支撑、水平架或脚手板应紧随门架的安装及时设置；

5．连接门架与配件的锁臂、搭钩必须处于锁住状态。

7.3.2　加固杆、剪刀撑等加固件的搭设应符合下列规定：

1．加固杆、剪刀撑必须与脚手架同步搭设。

7.3.3　连墙件的搭设应符合下列规定：

1．连墙件的搭设必须随脚手架搭设同步进行，严禁滞后设置或搭设完毕后补做。

7.5.4　脚手架的拆除应在统一指挥下，按后装先拆、先装后拆的顺序及下列安全作业的要求进行：

4．连墙件、通长水平杆和剪刀撑等，必须在脚手架拆卸到相关的门架时方可拆除；

5．工人必须站在临时设置的脚手板上进行拆卸作业，并按规定使用安全防护用品；

6．拆除工作中，严禁使用榔头等硬物击打、撬挖，拆下的连接棒应放入袋内，锁臂应先传递至地面并放室内堆存。

8.0.1　搭拆脚手架必须由专业架子工担任，并按现行国家标准《特种作业人员安全技术考核管理规则》(GB 5036) 考核合格，持证上岗。上岗人员应定期进行体检，凡不适于高处作业者，不得上脚手架操作。

8.0.2　搭拆脚手架时工人必须戴安全帽，系安全带，穿防滑鞋。

8.0.3　操作层上施工荷载应符合设计要求，不得超载；不得在脚手架上集中堆放模板、钢筋等物件。严禁在脚手架上拉缆风绳或固定、架设混凝土泵、泵管及起重设备等。

8.0.5　施工期间不得拆除下列杆件：

1．交叉支撑，水平架；

2．连墙件；

3．加固杆件：如剪刀撑、水平加固杆、扫地杆、封口杆等等；

4．栏杆。

8.0.7　在脚手架基础或邻近严禁进行挖掘作业。

8.0.10　沿脚手架外侧严禁任意攀登。

9.4.3　施工应符合下列规定：

6．拆除模板支撑及满堂脚手架时应采用可靠安全措施，严禁高空抛掷。

5．提升机

《龙门架及井架物料提升机安全技术规范》(JGJ 88—92)

2.0.6　提升机在安装完毕后，必须经正式验收，符合要求后方可投入使用。

3.1.9　提升机架体顶部的自由高度不得大于6m。

4.0.11　提升钢丝绳不得接长使用。端头与卷筒应用压紧装置卡牢，在卷筒上应能按顺序整齐排列。当吊篮处于工作最低位置时，卷筒上的钢丝绳应不少于3圈。

5.0.1　提升机应具有下列安全防护装置并满足其要求：

一、安全停靠装置和断绳保护装置。

安全停靠装置。吊篮运行到位时，停靠装置将吊篮定位。该装置应能可靠地承担吊篮自重、额定荷载及运料人员和装卸物料时的工作荷载。断绳保护装置满载时，滑落行程不得超过1m。

二、楼层口停靠栏杆（门）。各楼层的通道口处，应设置常闭的停靠栏杆（门），其强度应能承受1kN/m² 水平荷载。

三、上极限限位器。该装置应安装在吊篮允许提升的最高工作位置。吊篮的越程（指从吊篮的最高位置与天梁最低处的距离），应不小于3m。当吊篮上升达到限定高度时，限位器即行动作，切断电源（指可逆式卷扬机）或自动报警（指摩擦式卷扬机）。

四、紧急断电开关。紧急断电开关应设在便于司机操作的位置，在紧急情况下，应能及时切断提升机的总控制电源。

7.2.2 附墙架与架体及建筑之间，均应采用刚性件连接，并形成稳定结构，不得连接在脚手架上。严禁使用铅丝绑扎。

7.2.3 附墙架的材质应与架体的材质相同，不得使用木杆、竹杆等做附墙架与金属架体连接。

7.3.2 提升机的缆风绳应经计算确定（缆风绳的安全系数 n 取3.5）。缆风绳应选用圆股钢丝绳，直径不得小于9.3mm。提升机高度在20m以下（含20m）时，缆风绳不少于1组（4～8根）；提升机高度在21～30m时，不少于2组。

7.3.3 缆风绳应在架体四角有横向缀件的同一水平面上对称设置，使其在结构上引起的水平分力，处于平衡状态。缆风绳与架体的连接处应采取措施，防止架体钢材对缆风绳的剪切破坏。对连接处的架体焊缝及附件必须进行设计计算。

7.3.8 在安装、拆除以及使用提升机的过程中设置的临时缆风绳，其材料也必须使用钢丝绳，严禁使用铅丝、钢筋、麻绳等代替。

8.3.1 卷扬机应安装在平整坚实的位置上，应远离危险作业区，且视线应良好。

10.1.2 使用提升机时应符合下列规定：

一、物料在吊篮内应均匀分布，不得超出吊篮。当长料在吊篮中立放时，应采取防滚落措施；散料应装箱或装笼，严禁超载使用；

二、严禁人员攀登、穿越提升机架体和乘吊篮上下；

三、高架提升机作业时，应使用通讯装置联系。低架提升机在多工种、多楼层同时使用，应专设指挥人员，信号不清不得开机。作业中不论任何人发出紧急停车信号，应立即执行。

6. 地基基础

《建筑桩基技术规范》（JGJ 94—94）

6.2.13 人工挖孔桩施工，应采取下列安全措施：

6.2.13.1 孔内必须设置应急软爬梯；供人员上下井使用的电葫芦、吊笼等应安全可靠并配有自动卡紧保险装置，不得使用麻绳和尼龙绳吊挂或脚踏井壁凸缘上下。使用前必须检验其安全起吊能力。

6.2.13.2 每日开工前必须检测井下的有毒有害气体，并应有足够的安全防护措施。桩孔开挖深度超过10m时，应有专门向井下送风的设备。

6.2.13.3 孔口四周必须设置护栏。

6.2.13.4 挖出的土石方应及时运离孔口，不得堆放在孔口四周1m范围内，机动车辆的通行不得对井壁的安全造成影响。

6.2.13.5 施工现场的一切电源、电路的安装和拆除必须由持证电工操作；电器必须严格接地或接零和使用漏电保护器。各孔用电必须分闸，严禁一闸多用。孔上电缆必须架空2.0m以上，严禁拖地和埋压土中，孔内电缆、电线必须有防磨损、防潮、防断等保护措施。照明应采用安全矿灯或12V以下的安全灯。

《建筑地基处理技术规范》(JGJ 79—2002)

13.3.9 石灰桩施工时应采取防止冲孔伤人的有效措施，确保施工人员的安全。

附录三　建筑施工安全技术相关标准规范目录

建筑施工安全技术相关标准规范目录

1.《建筑施工安全检查标准》(JGJ 59—99)
2.《建筑施工高处作业安全技术规范》(JGJ 80—91)
3.《施工现场临时用电安全技术规范》(JGJ 46—2005)
4.《建筑施工扣件式钢管脚手架安全技术规范》(JGJ 130—2001)
5.《建筑施工门式钢管脚手架安全技术规范》(JGJ 128—2000)
6.《建筑施工附着升降脚手架管理暂行规定》(建建 [2000] 230号文件)
7.《龙门架及井架物料提升机安全技术规范》(JGJ 88—92)
8.《建筑机械使用安全技术规程》(JGJ 33—2001)
9.《建筑工程施工现场供用电安全规范》(GB 50194—93)
10.《建筑企业安全生产评价标准》(JGJ/T 77—2003)
11.《安全电压》(GB 3805—84)
12.《高处作业分级》(GB 3608—83)
13.《高处作业吊篮安全规则》(JG 5027—92)
14.《高处作业吊篮》(JG 5032—93)
15.《建筑基坑支护技术规程》(JGJ 120—99)
16.《建筑桩基技术规范》(JGJ 94—94)
17.《既有建筑地基基础加固技术规范》(JGJ 123—2000)
18.《建筑地基处理技术规范》(JGJ 79—2002)
19.《塔式起重机安全规程》(GB 5144—94)
20.《塔式起重机操作使用规程》(ZBJ 80012—89)
21.《施工升降机安全规则》(GB 10055—1996)
22.《建筑卷扬机安全规程》(GB 13329—91)
23.《柴油打桩机安全操作规程》(GB 13749—92)
24.《振动沉拔桩机安全操作规程》(GB 13750—92)
25.《建筑施工场界噪声限值》(GB 12523—90)
26.《安全帽》(GB 2811—1989)
27.《安全帽试验方法》(GB 2812—1989)
28.《安全带》(GB 6095—1985)
29.《安全网》(GB 57257—1997)
30.《密目式安全立网》(GB 16909—1997)
31.《安全标志》(GB 2894—1996)
32.《建筑拆除工程安全技术规范》(JGJ 147—2004)
33.《建筑施工现场环境与卫生标准》(JGJ 146—2004)

附录四　相关安全技术的参考书籍书目

以下书目均由中国建筑工业出版社出版，购买可直接邮购，电话：010-88369855、88369877，或在当地建筑书店和新华书店购买。

征订号	书　　名	定价（元）
a9116	建筑施工安全生产百问	20.00
a9279	建筑施工安全检查标准（JGJ 59—99）	7.50
a9786	建筑施工安全检查标准实施手册	57.00
a10184	建筑施工安全检查标准实施指南	10.00
a10319	建筑机械使用安全技术规程（JGJ 33—2001）	30.00
a11495	建筑施工安全资料手册	26.00
a11526	第四分册 施工项目安全控制	26.00
a11635	建设工程安全生产管理条例	5.00
a11674	建筑施工企业安全生产许可证管理规定	5.00
a11679	建设工程施工安全技术操作规程	22.00
a11812	施工现场临时用电安全技术规范（JGJ 46—2005）	13.00
a11860	建筑机械使用安全技术规程	34.00
a11862	建筑施工扣件式钢管脚手架安全技术规范	15.00
a11866	施工现场临时用电安全技术规范	15.00
a11920	建筑拆除工程安全技术规范	5.00
a11936	建筑施工门式钢管脚手架安全技术规范	13.00
a12010	建筑施工安全事故警示录	16.00
a12019	建筑施工安全技术规范（修订版）	52.00
a12407	建筑施工安全技术	16.00
a12417	施工企业安全生产评价标准实施指南	10.00
a12549	建设工程质量安全技术监督管理	36.00
a12628	建设工程安全生产管理条例实施指南	25.00
a12673	施工现场临时用电安全技术规范实施手册	41.00
a12680	建设工程安全生产法律法规	20.00
a12689	建设工程安全生产技术	35.00
a12690	建设工程安全生产管理	20.00
a12765	建设工程施工安全控制	25.00
a12819	建设工程安全监理	22.00
a13079	建设工程施工安全管理	30.00
a13081	建设工程施工安全技术	29.00
a13100	建筑拆除工程安全技术规范（JGJ 147—2004）	5.00
a13281	工程安全与防灾减灾	31.00
a13312	建筑施工安全设施计算书编制范例（附光盘）	49.00
a13355	建筑装饰装修工程质量与安全管理（第二版）	24.00
a13498	建筑安全管理	28.00
a13706	施工企业安全生产评价标准 实施细则与应用实例	20.00
a13740	施工现场安全管理资料编制与实例	62.00
a13758	建筑安全监控防范技术	20.00
a13960	施工企业员工安全培训手册	估30.00